话啤

REDEFINE THE BEER

重新定义啤酒

赵　晨
金伟男　编著

天津出版传媒集团
天津科学技术出版社

图书在版编目（CIP）数据

话啤 / 赵晨，金伟男编著. -- 天津 ： 天津科学技术出版社，2016.6(2017.1 重印)

ISBN 978-7-5576-1288-7

Ⅰ. ①话… Ⅱ. ①赵… ②金… Ⅲ. ①啤酒－世界－普及读物 Ⅳ. ①TS262.5-49

中国版本图书馆 CIP 数据核字(2016)第 136447 号

责任编辑：韩 瑞
责任印制：兰 毅

天津出版传媒集团
天津科学技术出版社 出版

出版人：蔡 颢
天津市西康路 35 号 邮编 300051
电话（022）23332377
网址：www.tjkjcbs.com.cn
新华书店经销
天津市豪迈印务有限公司印刷

开本 880×1230 1/32 印张 6.5 字数 120 000
2017 年 1 月第 1 版第 2 次印刷
定价：49.80 元

前言

啤酒其实很复杂，并且很精彩。这是我们在喜欢上啤酒之后，向身边每一个人极力推荐的事情，也是imbeer决定推出本书的原因。

什么是好的啤酒？这是我们听到最多的问题。每一次的回答都是“一千个人的眼里有一千个还珠格格”。

也许对于大多数人来说，啤酒就是那种干杯用的酒精饮料，实际上它的种类十分庞杂。你很难用颜色单纯地把它们区分为黄啤、白啤、黑啤；更别提什么生啤、干啤、原浆。即使用上发酵和下发酵来区分也会有一些例外。就像我们不能去饭店点餐时说“我要吃饭”一样，在国外的啤酒吧喝酒也不能说“我要啤酒”，否则对方会不知所措。

基于如此丰富多彩的啤酒世界，基于酸甜苦辣咸都有涉猎的啤酒风格，怎么才能让你找到最好的那一个呢？我们能想到的解决方法只有一个字：喝！

所以我们写了这本书，选取了国内能够买到的近百款非常有代表性的啤酒，描述了每款酒的性格，也写了一些它们背后的故事。我们想帮你尽快喝明白，尽快找到你最爱的那一瓶，那将成为你心目中最好的啤酒。

● 2011 年 8 月

在北京的一个六层老式居民楼里，几个人用瓶盖的造型画了个红色的 Logo，注册了域名，用 Wordpress 搭了一个 Blog，选了一个简洁中带着点炫酷的模版，“imbeer 爱啤酒”就这样诞生了。

然后，一帮人把全北京城能找到的两百款精酿啤酒都买了回来，窝在堆满了啤酒的两居室里足足一个月的时间，憋出了 imbeer 最初的样子——一个介绍精酿啤酒和丰富相关知识的博客型网站。

● 2012 年 3 月

在中关村一个老旧写字楼的地下一层，刷白的楼道里只躺着一面没有招牌的卷帘门，那个只有 40 平米但堆满了精酿啤酒的房间，便是 imbeer 在北京开的第一间小酒馆。

随着 imbeer 的内容在微博上的传播越来越频繁，我们结识了大量迷恋精酿啤酒的发烧友，从开业当天的三桌客人，到一个月之后的天天爆满，我们每天都沉浸在与志趣相投的人交流切磋的快感中。

● 2012 年 12 月

一直在坚持原创的编辑部终于迎来了第一个新员工的加入——胖子维尼（金伟男），imbeer 也开始了向媒体转型的漫长道路。我们开始关注国外产品新闻，开始做国内行业的深度挖掘，开始承担啤酒节、啤酒比赛的媒体工作，开始有人找我们卖广告了。

同时因为成天被楼上工商局钓鱼执法，小酒馆逐渐开不下去了。

● 2013 年 3 月

终于，我们从中关村的写字楼里被彻底赶了出来，几个人开着借来的 1041 搬家的那一幕我们毕生难忘。也就是在那个时间段，我们对于到底是做线下生意赚实打实的快钱，还是做线上平台赚看不见摸不着的未来希望，深感困惑。

这一困惑，就是漫长的一年，也是我们认为自己浪费掉的最可惜的一年，因为一群人面临生存的压力，最后向离钱更近的线下生意妥协了。

● 2014 年 5 月

imbeer 在望京的小酒馆开业了，但我们越发感觉不到快乐，因为创始之初的灵魂似乎越来越找不到了。我们虽然还在坚持原创的产出内容，但那些都更像为了写而写的敷衍了事，我们虽然还在继续获得行业内的认可和支持，但那些都似乎是来自于商业上的等价交换。我们浪费掉了整整一年的时间，差点就把我们自己弄丢了。

于是，我们坐了下来，在小酒馆开业的时候确定了整个公司的基调，坚持做线上的平台，做媒体，做大家需要我们做的事情，钱，交给其他环节解决，比如小酒馆。

终于，“imbeer 爱啤酒”重新上路了。

- 2014 年 11 月

imbeer 终于迎来了负责渠道业务的合伙人——毒舌飞（谢晓飞），很快，除了媒体的工作以外，我们的业务开始了横向拓展。我们逐渐整合了全国的精酿酒吧资源，又真正做了第一次进口和渠道销售，把业务真正延伸到了行业中。

细微的调整之后，我们又增加了那么一点服务商的功能。因为像很多人一样，我们从零开始经营过一间小酒馆，深知这里面的坑坑坎坎，所以我们希望把经验和资源分享出去，帮助更多的同行做好自己的生意。

- 2015 年 6 月

当公司的业务越来越多，大家的精力都被瓜分以后，编辑部的工作再度变得严峻起来，于是我们现任的主编——赵得住（赵晨）加入了团队，他一手打造了全新的 imbeer 内容风格，一股萌中带贱的风气席卷了整个精酿啤酒行业。

也是从那时候开始，imbeer 的日更从来没有间断过，每天我们都保持着精酿啤酒行业的大量资讯、知识、评论等内容的产出，我们的媒体工作做得越来越扎实。

- 2015 年 8 月

imbeer 在望京的小酒馆在房租到期之后正式停业了。终于，我们彻底放弃了线下经营门店的业务，决定专心做线上的平台。跟两年前不同的是，这次我们没有任何犹豫和动摇，因为我们已经找准了方向，做我们最擅长，也是大家最需要我们的事情。

我们又回到了写字楼，而这次不是地下一层，而是窗明几净的办公室。

- 2016 年 4 月

有出版社找到我们，希望把我们这么多年积累下来的内容装订成册，帮助更多的人从零开始接触精酿啤酒，于是我们把这个任务交给了主编大人，并撂下了一句话：我们出一个系列丛书吧？

问：这本书里面都写了什么？

赵晨：我们写了一些酒吧或者超市常见的酒。并且告诉你它大概有什么味道，有哪些故事，让你在选酒的时候有个初步的判断，也让你在和同伴交流的时候可以显得很博学。

金伟男：口味的事情见仁见智，评分也是如此，很多故事也是坊间流传的。写的什么并不重要，重要的是先喝。

问：为什么这么写？

赵：因为 imbeer 从创办以来，一直都想让大家能够喝到更多种类的啤酒。啤酒本来也不是一个特别小众的东西，而且也不应该是单一的品种和廉价酒精饮料的代名词，它可以很高级，也可以很复杂。这本书以如此的呈现方式，可以让更多的人接触到啤酒这个丰富多彩的饮料。又不会让入门变得特别困难。

金：啤酒本来是很自由的，不需要太多条条框框或者谁高谁低，比如你看完这本书，喝到的酒和我们描述的口感不一样，你也可以很自信地说："就这样舌头的人都能写书了我也可以很轻松地入门。"

问：啤酒的魅力在哪儿？

赵：其实啤酒也是一个特别有文化和内涵东西，这本身就足够吸引人了。但它实际上也能带来更多的社会价值。美国一款很知名的精酿啤酒在某个小城市发售，慕名而来的游客为这座城市带来了 500 万美元的经济收入。这笔钱在中国也将是很大的一笔地方财政收入。啤酒除了喝，还有更大的价值，这也是它很有趣的地方。

金：做了这份工作后，很多人会把我们当作"嗜酒如命"的人，其实也"正是如此"。对我来说，在啤酒的世界里她们不但有好看的脸蛋，还有有趣的灵魂。她们都是有个性的，有魅力的，就像阿甘的巧克力一样，永远不知道下一瓶是什么味道。在生活中，谁都会喜欢更有魅力的人，在啤酒的世界里也是如此。

问：创作这本书的时候遇到了哪些困难？

赵：肯定是时间！imbeer 是一个几乎每天都在更新的啤酒媒体。写书是需要大量时间的在保证平时工作进度的同时，还要兼顾书的创作进度，时间太紧迫了。所以我要特别感谢这本书的编辑韩瑞老师，如果没有她的再三监督，我们不知道什么时候能够完成。

金：照片拍摄，这对我们来说是个极大的挑战。在日常创作时，我们不需要如此高质量的照片。但在如此呈现方式的书籍上，照片成了重中之重。所以特别感谢为我们提供拍摄场地的 W Co Bar，感谢摄影师吴启老师。我们私下开玩笑时常说，这本书的作者应该是吴启老师，书名叫《啤酒私房写真集》。多提一句，如果你发现书中某些照片不好看，就是我自己拍的。如果特别不好看，就是赵晨拍的。

问：这本书和世面上其他啤酒类的书籍有什么不同?

赵：我们还是把关注点放在了喝上，因此这本书面向的对象是完全没接触过真正啤酒世界的读者，并不适用于啤酒爱好者和发烧友们。我们并没有写太多文化和风格上的演变过程，也没有用特别多的专业名词，就是为了先把第一步完成，喝起来。我们坚信啤酒是喝懂的，不是看书看懂的。

金：我们并没有罗列过多的啤酒，市面上很多书，动辄就 300 多款啤酒，然而大多数都只提下名字，甚至喝都没喝过就写到了书里。我们书里面提到的酒都是适合你在入门阶段反复尝试的酒款，质量上绝对有保证。这本书里面的每瓶酒都是我们花钱买回来的。没有告诉其他人我们在干什么，甚至 imbeer 的同事很多人都不知道我们 要写什么内容。就是为了保证里面内容的真实。

问：没给发烧友准备“好料”吗?

赵：准备了，在下一本。如果你们想看，请多多购买这本书，出版社自然就会让我们把下一本书出了。也许这本书对发烧友来说意义不大，但是你身边一定有很多人不懂啤酒，可以送他们，拉他们入坑！

金：发烧友可以关注我们的微信公众号，搜索“imbeer 爱啤酒”，里面也有很多好料。里面看起来有趣、有时候还看不懂的都是我写的，看起来就像老干部文风的都是赵晨写的。

金：我们就把这个采访记录当序发给出版社好了。

赵：这样好吗？里面的问题其实都是我问的，然后假装咱俩在回答。

金：无所谓啊，出版社一旦看不下去，下一本就会找一个名人给我们写序了。

赵：嗯，好主意！说不定下本书就真的有人采访我们了！

BEER
Epic
ROGUE
IMPORTED FROM ENGLAND
GO TO IPA

目录

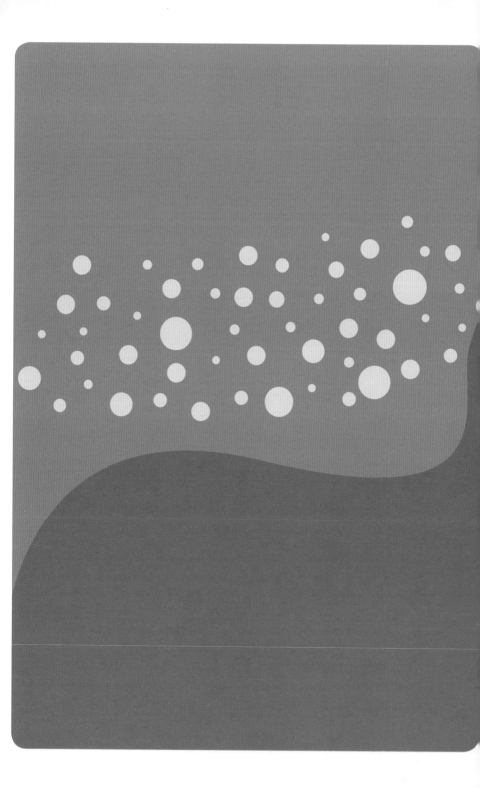

REACQUAINT BEER

第一话 重新认识啤酒

啤酒历史

在大约一万年前，狩猎者采集野生大麦作为营养来源。一次意外的受潮发芽之后，原始人惊喜地获得了原麦汁，随风传播的酵母入侵其中，便有了最初的啤酒。他们靠着这些让人亢奋的饮料开始了子孙的繁衍。

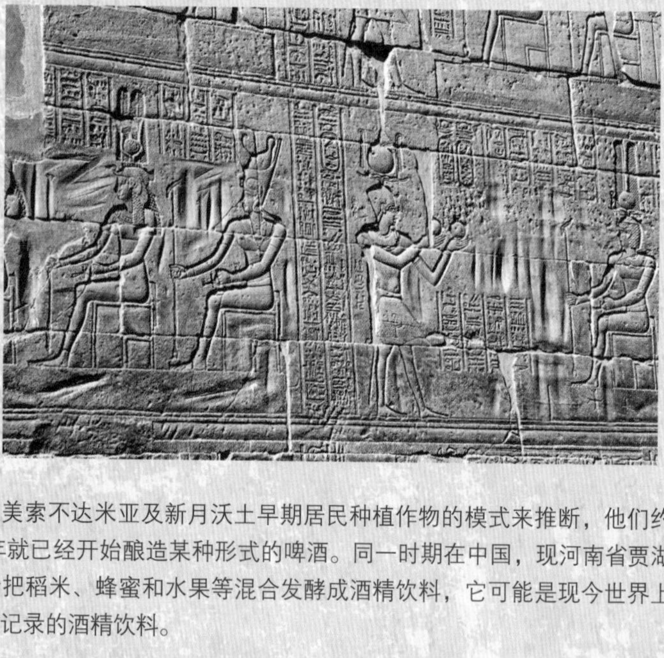

从美索不达米亚及新月沃土早期居民种植作物的模式来推断，他们约在公元前9000年就已经开始酿造某种形式的啤酒。同一时期在中国，现河南省贾湖地区也已经开始把稻米、蜂蜜和水果等混合发酵成酒精饮料，它可能是现今世界上能找到的最早有记录的酒精饮料。

到了公元前3000年，埃及人似乎认为大麦是最适合酿酒的谷物，并发明了原始的制麦技术。在公元前2000年，凯尔特人在用大麦、小麦和燕麦来酿酒。

在两河流域文明和苏美尔文明中，酿酒师是唯一一个得到社会认可且能够得到女神庇佑的女性职业。在古代挪威，法律规定酿酒师

这项职业只能由女性从事，古代芬兰亦是如此。最早的量产或小镇酿酒商，也大多是聘请妇女来管理配方以及酿造过程的。

对古代的酿酒人来说，他们未知的氧化作用简直是噩梦。空气会使发酵谷物汁液中甜美醉人的酒精迅速变成恶心的乙醛或有机酸。几百年来，啤酒酿造者一直尝试利用草药来推迟氧化的过程。

直到德国的一位修女开始把啤酒花加入到酿造过程中，氧化问题才得到一定程度的解决。啤酒花中含有的抗氧化剂，能减缓酸化速度，还有防腐效果，减少真菌与其他感染，因此成了酿酒理想的补救配方。

各地水土差异与酿酒传统的不同，催生出了各种不同风格的啤酒。但是自17世纪起，酿酒商开始效仿其他地区的啤酒。新式麦芽烘焙炉的出现，让人们可以酿出更多颜色的啤酒。在英伦三岛上，淡色爱尔开始出现。到了18世纪，伦敦又发展出了波特和世涛风格。1842年，在捷克南部的皮尔森小镇，金色透明的拉格啤酒被酿造出来，并在之后的日子里彻底改变了世界。

工业革命大大提升了酿酒的产量，蒸汽机时代则加快了海陆运输，让啤酒的供应范围更广，甚至能运送至海外。

1862年，法国微生物学家路易·巴斯德和他的同事发明了巴氏消毒法，大大提升了啤酒的保存时间。制冷设备的发明，使人们逐渐地放弃了传统的爱尔啤酒，转向更适合大规模生产的拉格啤酒。

随着欧洲移民来到美国，美国成了啤酒新的沃土。1900年，世界各地酿酒公司的生产力达到了空前的高峰。遗憾的是，自1914年起，为期50年的经济萧条和禁酒政策让这波高潮戛然而止。

到了1965年，只有英国、德国、捷克斯洛伐克和比利时四个国家，还能宣称自己仍保有传统的酿造工艺。

在大西洋的对岸，正在酝酿一场革命。1976年5月，杰克·麦考利夫位于加州的酒厂开张时，他一定猜不到自己将掀起一股浪潮。虽然这家美国首次出现的现代精酿酒厂只运营了六年，但它引发了当时没有人能预料到的啤酒革命。

水

对啤酒来说，水非常重要，平均下来，一瓶啤酒里面90%都是水。

早期酿酒大家都采用当地的自然水源。在化学和生物学都不发达的时代，水质的不同，促使各地出现了不同种类的啤酒。比如著名的皮尔森，就是依赖了捷克皮尔森市独有的超软水酿造而成的。

皮尔森市水的硬度只有0.29mmol/L，作为对比，德国慕尼黑市酿造水总硬度是2.64mmol/L，多特蒙德市为7.31mmol/L。

慕尼黑的水比皮尔森硬度高。早期酿造时，酿酒师发现浅色麦汁有较高概率无法正常发酵，而深色麦汁发生问题的概率则小得多。因此黑色啤酒在当地酿造的机会就多得多，水平也就越来越高。所以人们总在吹捧德国黑啤，说不定也与这个有一定关系。

不是水越硬就越适合酿造黑啤，多特蒙德市的水比慕尼黑的还硬，但却酿造浅色啤酒。传统英式印度淡色爱尔风格的啤酒也是用英国伯顿地区著名的硬水酿造的。

现代科学研究表明，除了硬度之外，水中的残碱度是更重要的参考数据。残碱度越低，越适合酿淡色啤酒。但不管怎样，早期各地水质不同，确实给全世界带来了多种风格的啤酒是不争的事实。

进入现代工业化之后，酿酒用的水不再是听天由命，有各种办法可以进行水处理。随着技术的发展，各个酒厂都有办法根据所生产的啤酒种类去控制水中的矿物质含量。

麦芽

麦芽是啤酒酿造的重要原料，有“啤酒灵魂”之称。大麦发芽之后产生的酶可以使自身的淀粉转化为可发酵糖。这些糖通过酵母转化为酒精，就有了所谓的啤酒。

啤酒自诞生以来，都以大麦为主要原料。原因有很多，比如大麦生长条件不苛刻，价格低廉，便于发芽，制成的酒类又别具风格。另外，大麦谷粒的外壳可以在酒厂制备麦汁时起到过滤的作用，也有利于操作。

麦芽对啤酒分类的影响也非常重要。因为啤酒的颜色几乎完全取决于麦芽的颜色，所以只要将不同烘烤度的麦芽按照不同配比进行混合，理论上就能诞生无数种类的啤酒。

在麦芽烘干技术成熟以前，酿造啤酒大部分来自琥珀色或棕色麦芽，酒体也都呈现琥珀色或者棕色。随着麦芽干燥技术的进步，淡色麦芽的产量大幅提升，一跃成为更便宜、更可靠的替代物，从而产生了大量的浅色啤酒。

比如大家熟悉的淡色爱尔，就可以用浅色的基础麦芽，加上些通过烘烤、颜色稍深的水晶或者焦香麦芽酿造。以这个为基础，再加入一些过度烤制的巧克力麦芽可能就是棕色爱尔，然后再加入一些烘烤的大麦就是世涛啤酒，等等。

麦芽

麦芽本身的种类也改变着啤酒分类，甚至对现在的啤酒市场有着巨大的影响。也许你听说过美国人统治精酿啤酒世界主要靠啤酒花，是因为他们的麦芽不行。究其原因，是美国本地的六棱大麦与欧洲酿酒的二棱大麦存在差距。

六棱大麦含有更多的蛋白质，会使啤酒泡沫变丰富，导致生产时装瓶效率大幅下降，降低产能。于是就有了一个影响后世颇深的解决方案，放弃全麦，增加大米、玉米等辅料的比例，以改善酒体。这就是现代工业淡啤酒的雏形。大米、玉米等辅料价格比麦芽便宜，当成本足够低、口味足够淡的啤酒被市场接受，全世界的工业大厂生产的啤酒也就越发趋同了。

啤酒花

很多没有研究过啤酒的人不知道什么是啤酒花，甚至有人认为倒啤酒时产生的泡沫就是啤酒花。其实，啤酒花是一种植物，学名蛇麻草，是大麻的近亲。在现代的啤酒生产中，啤酒花主要提供苦味，用来中和麦芽所带来的甜腻感，让人更容易饮用。美国的精酿啤酒运动爆发以来，啤酒花更是一跃成为主角，一些美国啤酒花特有的香气和味道几乎开创了一个新的啤酒时代。不过在上古时期，啤酒花的作用更多的是防腐。

人类开始酿造啤酒和中医类似，都是经验主义。在我们拥有“包治百病”的板蓝根之前，还是需要李时珍去尝草。同样，在蛇麻草被正式放到啤酒里之前，人们已经试过各种乱七八糟的草了。

草药不仅东方会用，西方也一样会用。早期人们酿酒时，由于科学知识的欠缺，啤酒出现各种变质。所以在酿酒中为了防腐加入各种草。啤酒也因为人们的经验主义而从此与蛇麻草并肩而行，甚至人们后来更喜欢把蛇麻草称为啤酒花。

之后，啤酒花更多的作用还是作为防腐剂，调味料的作用并不明显，因此啤酒花也一直很低调，直到……英国人去印度搞殖民了！英国人到了神秘的印度，实在没有勇气干了那一碗恒河水，运来的啤酒也同样面临腐败的问题。这个时候，他们再次想起了啤酒花的本来功用——防腐。

啤酒花

加大剂量地投入啤酒花，同时保持桶内发酵的方式进行运输，保证酒运到印度也没有问题，这也使啤酒花难得成为关注点。不过真正让啤酒花的作用发挥到现在这么重要，还是美国的精酿啤酒运动。

美国精酿啤酒运动一开始，“山寨”便是主要的进攻方向。但他们遇到了麦芽这个前所未有的大问题。啤酒花就有出息多了，它们的香味比英国的和欧洲大陆的酒花奔放得多，有非常典型的橙香和松脂香，口感也常常更重，把本土的麦芽和特有的啤酒花结合在一起，便诞生了第一瓶美式精酿啤酒。这也从某种程度上定义和塑造了美国精酿啤酒的基调。

后来的故事就不再是循序渐进的了，啤酒花仿佛一下成了精酿啤酒的主角。其发展之快使美国占领了啤酒的领军地位，旧世界的地主老财们也不再沉默，纷纷拿啤酒花做起了文章。这股势力同样影响到我们中国，现在国内的精酿啤酒爱好者对于苦味的阈值已经提升了很多，这也要感谢近几年美国啤酒花对国人味蕾的轰炸。

酵母

没有酵母就无法酿造啤酒。这些微生物带来了酒精，同时也决定了很多啤酒的味道。一些酿酒师甚至认为发酵是酿酒最刺激的时候。因为酵母是活的，你不让它舒服，出来的酒就不让你舒服。

人类生存需要氧气，酵母则不同，有氧无氧都能生存。在有氧气的条件下，酵母将糖分解为水和二氧化碳，给自己提供生存的能量，并进行大量繁殖。在无氧状态下，酵母将糖分解为酒精和二氧化碳，也给自己提供能量。所以啤酒中的酒精，来自于酵母进行无氧呼吸时的代谢产物。

在啤酒中，大多数酵母可以分为两种：发酵温度在18~24摄氏度，处于麦汁顶部发酵的爱尔类酵母和发酵温度在8~14摄氏度，处于麦汁底层发酵的拉格类酵母。这也给啤酒带来了两个大分类：爱尔和拉格。

不同的酵母有不同的特色。有的酵母让你的酒中充满果香，有的能带来酸腐的味道，有的味道隐藏得很深，能够更好地突出麦芽味道：这些都是由不同的酵母特性所决定的。在发酵过程中，96%的可发酵糖都会被转化为酒精和二氧化碳，1.5%合成新的酵母细胞，而剩下的2.5%将变成其他发酵副产物。可不要小看这2.5%的物质，这些副产物给啤酒带来了很多不同的味道，有些令人愉悦，另一些则让人作呕。

很多啤酒并没有添加水果，但仍能有浓浓的果香味。这种味道除了来自美国、新西兰等新世界的啤酒花之外，更多的果香味来自于发酵。尤其在发酵温度稍高的爱尔啤酒中，能够诞生多种水果味，比如苹果、香蕉、梨、葡萄干、无花果，等等。传统小麦啤酒中常见的一些香蕉味也是来源于酵母发酵所产生的酯类物质。

水果味是令人愉悦的味道，也有些味道会让人作呕，比如高浓度颜料味的乙醛、臭鸡蛋味的硫化氢、炖蔬菜味道的二甲基硫醚或带有馊饭味的双乙酰，等等。

发酵过程中还会产生喝酒上头的源泉——高级醇。高级醇在啤酒中适量存在能使酒体丰满。但如果含量过高，则除了饮用时感觉会有明显异杂味外，还会导致饮后头晕、头痛的现象，即“上头”。

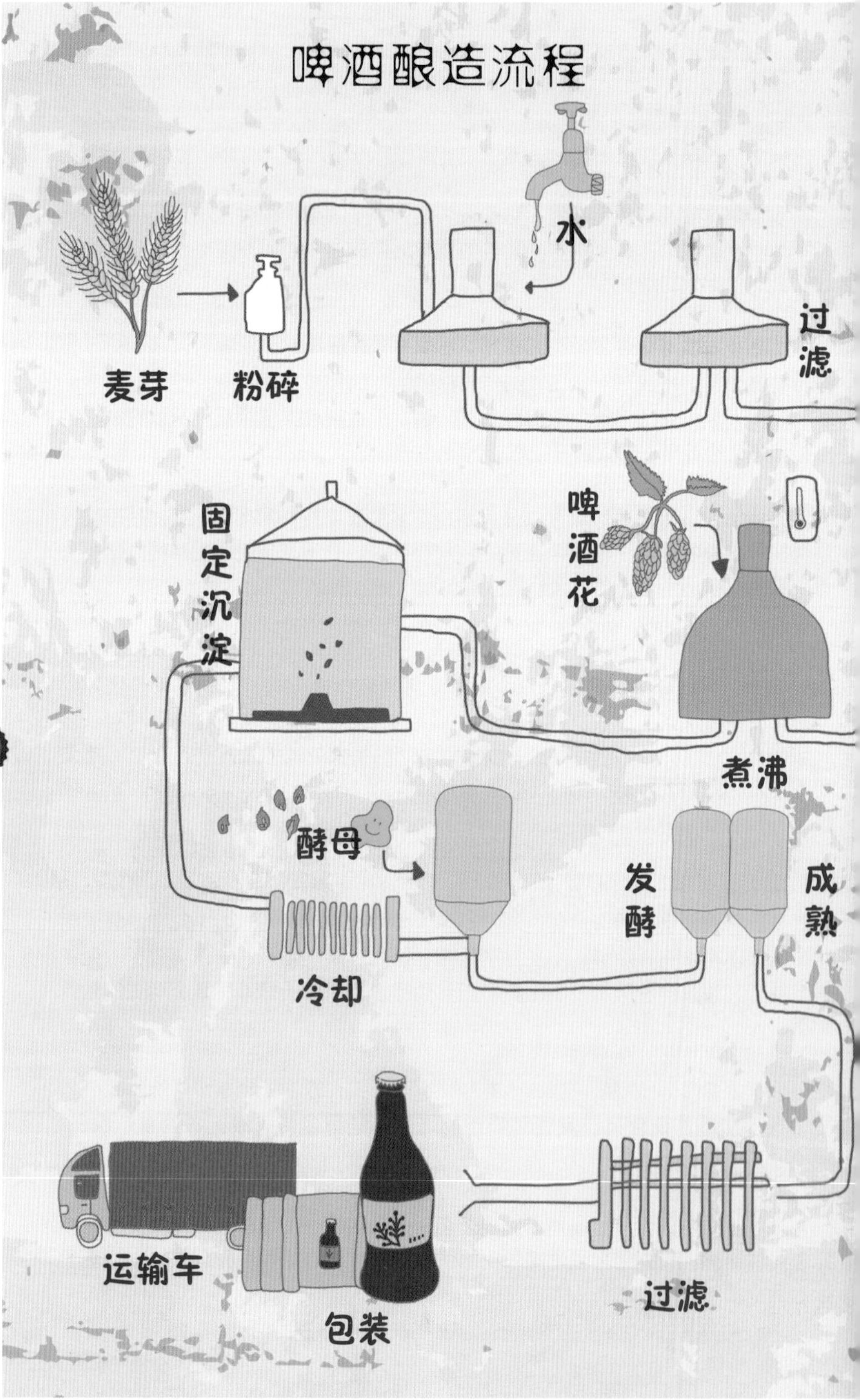
啤酒酿造流程
麦芽
粉碎
水
过滤
固定沉淀
啤酒花
煮沸
酵母
发酵
成熟
冷却
运输车
包装
过滤

REDISCOVER BEER

第二话 重新了解啤酒

来自英伦三岛的啤酒

早在公元前，罗马人统治时期的不列颠酿酒业已经非常常见。在出土的一些文物上，也记录着在公元 90 年到公元 130 年之间的啤酒贩卖历史。

1428 年，啤酒花也开始在英伦半岛上进行种植，出现了现代意义上的啤酒。随着政府政策的不断修改，啤酒逐渐成为英国人的日常饮料。

随着科技的进步，工业革命的爆发，英国啤酒出现了老爱尔（Old Ale）、波特（Porter）、世涛（Stout）、棕色爱尔（Brown Ale）、淡味爱尔（Mild Ale）、苦啤酒（Bitter）等一系列啤酒风格。正如英国文化对世界文化的影响一样，这一时期的英国啤酒也有着同样的作用，在不断的出口和交流中又诞生了帝国世涛（Imperial Stout），印度淡色爱尔（India Pale Ale）等风格。

之后，欧洲大陆的拉格啤酒开始在酒馆中出现，占有了一部分的市场份额。随着 19 世纪末和 20 世纪初的禁酒运动以及第一次世界大战的到来，啤酒的税收增加，酒精度降低，限制酒馆的开放时间，等等，使啤酒行业遭受了较大损失。

"一战"时，因为弹药和军需品严重不足，军需部长乔治发表了下面的讲话："此刻，我们正在和德国、奥地利与啤酒战斗。这三个不共戴天的敌人中，最邪恶的就是啤酒，它比德国的潜水艇给我们带来的伤害还要严重。"

第二次世界大战使英国本土遭到了严重的破坏，很多老酒厂被毁，丧失了大量原料和设备，导致战后原料严重不足。面对需求量巨大的啤酒市场，英国的酿酒商却无法抓住机会投入生产。于是，国外资本渐渐地渗入英国市场，使英国也变成了清淡啤酒的天下。 随着美国精酿啤酒运动的发展推动了全球啤酒文化的复苏，英伦三岛也诞生了很多非常有特点的独立酒厂，酿酒狗（BrewDog）、索恩桥（Thornbridge）等酒厂就是其中的典型代表。

英伦三岛的啤酒历史悠久，种类丰富，下面为一些常见风格的介绍。

●老爱尔（Old Ale）

从名字上就能得知这种酒诞生的时间很早。也因为历史久远，它的标准味道是一个谜。甚至有人说，打开一瓶老爱尔就是一场赌博。通常来说，这种风格的啤酒酒精度不低，喝起来很温暖，陈化的过程也使它充满了不确定的味道。啤酒大师迈克·杰克森曾这么评价："它是那种最适合在寒冬夜、炉火旁喝上半品脱的啤酒。"

●波特（Porter）

波特是世界上最重要的啤酒类型之一，也是第一个被工业量产的啤酒种类。其诞生的故事版本众多，但最终都是因为受到伦敦码头搬运工人（英文称为 Porter）的欢迎而得名。早期的波特可能是一种陈年版本的深棕色爱尔，酒精度也达到 6%~7%。随着战争等因素，这种酒一度绝迹。上世纪 70 年代，英国酿酒师重新恢复了酿制，但现在流行的波特和曾经的味道可能已完全不同。

● 世涛（Stout）

19 世纪中期，世涛代表的是深色、烈性的啤酒。在波特盛行的年代，世涛也代表酒精度更烈的波特。20 世纪初，甜味世涛的出现使它有了自己的特性，慢慢与当时不再流行的波特有了区别。当战争结束，波特再次恢复生产后，两种酒的差别就变得微乎其微。现代意义上的波特和世涛几乎很难区分。

● 帝国世涛（Imperial Stout）

18 世纪，英国将波特啤酒出口到波罗的海和沙皇俄国。为了防止酒在寒冷的海域结冰，同时保证酒体不坏，酿造时特意放置了更多原料以提高酒精度。没想到这种颜色深黑、酒体浑厚、高酒精度的爱尔啤酒在波罗的海沿岸尤为受到欢迎，甚至被俄国女皇叶卡捷琳娜二世作为鼓舞士兵的战斗物资运往前线。于是这种高酒精浓度啤酒就被称为帝国世涛啤酒。

● 淡味爱尔（Mild Ale）

淡味爱尔现在的定义是一种低酒精度、低啤酒花味道的啤酒，大多数用桶装保存，行销于英格兰和威尔士地区。但早年它仅仅是新鲜啤酒的代名词，所有啤酒在其熟成之前都可以被称为淡味爱尔。这种风格的酒精度曾一度达到 6%，并不像现在这样仅有 3%~3.5%。1880 年，英国实施了新的按照麦芽汁浓度征税的体制，大致等同于按照酒精浓度收税，使啤酒变得越来越淡。此时的伦敦才开始出现接近现代淡味爱尔口味的啤酒。

● 英式棕色爱尔（English Brown Ale）

在麦芽烘干技术成熟以前，所谓的棕色爱尔就是在描述啤酒的颜色，和风格种类无关。现代的棕色爱尔通常指 20 世纪之后被创造出来的瓶装产品，带有丰富的坚果味道和英式啤酒花泥土、青草的香气。

● 苦啤酒 / 英式淡色爱尔（Bitter/English Pale Ale）

随着麦芽烘干技术的成熟，麦芽的颜色可以被有效控制。但这里指的“淡色”也仅仅是相对上述棕色的爱尔和深棕色的波特而言，和现在动辄金黄色的啤酒比起来还是深了不少。英式淡色爱尔也叫苦啤酒，酒精度不高，但风味十足。苦啤酒分为普通苦啤（Ordinary Bitter）、优质苦啤（Best Bitter）和特别苦啤（Extra Special Bitter）。

希克斯通老爱尔
Theakston Old Peculier

基础资料

品　　名：希克斯通老爱尔
（Theakston Old Peculier）
产　　地：英国
风格种类：老爱尔（Old Ale）
酒 精 度：5.6%

imbeer评价

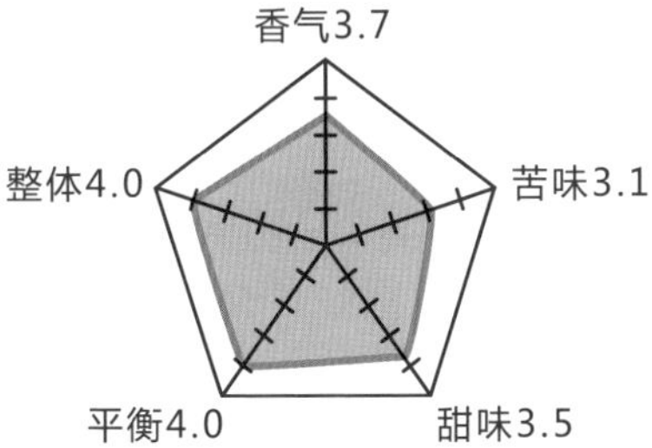

体 验

入杯后，具有深褐色的酒体，散发浓郁的水果、焦糖、烤面包的香味，并没有啤酒花的气味。

入口后非常顺滑，杀口感偏少，易于下咽，口味和闻起来的顺序很相似，具有非常浓郁的焦糖、坚果味道，醇厚柔和的水果香甜味也缓缓出现。下咽后的回味也很诱人，具有较重的烤面包味道，最后有些许啤酒花的苦味，非常可口。

故 事

希克斯通是位于英国北约克郡乡村的一个家族式啤酒厂，始创于1827 年。现在的希克斯通酒厂是2009 年重建的新公司，模仿以前的酒厂酿造很多经典口味的啤酒。

这瓶酒是在国内难得见到的老爱尔风格。虽然瓶装版本和传统的桶装老爱尔有所区别，但这种独特的风格有足够的理由让你一试。同时，它也是希克斯通最著名的啤酒，最早酿造于 19 世纪末。很多学者都称这款啤酒为真正的英国啤酒老前辈。

海威斯顿老机油
Harviestoun Old Engine Oil

基础资料

品　　名：海威斯顿老机油
（Harviestoun Old Engine Oil）
昵　　称：老基友，小老鼠
产　　地：英国
风格种类：老爱尔 / 波特（Old Ale/Porter）
酒 精 度：6 %

*imbeer*评价

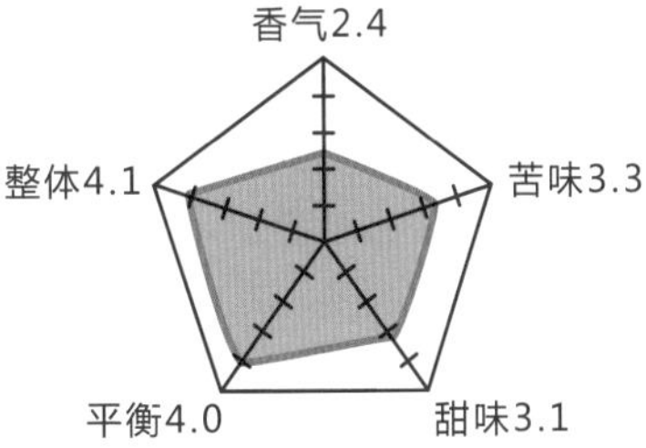

体 验

老机油的酒精度为 6%，酒体黑亮，浅棕色的泡沫非常细腻，虽不丰富但保持得很持久，咖啡和焦糖的香气非常的浓郁。入口顺滑，酒体适中，杀口感较轻。麦芽的香甜之后是可可般的苦涩，最后有一点朴实的啤酒花味道。整个过程非常舒服，适合小口惬意地慢慢品尝。相比常见的英式波特，海威斯顿老机油更加厚重浓郁。虽然“重”，但是这个“重”完全没有超出英式啤酒的范畴。

故 事

海威斯顿酒厂 1983 年成立于苏格兰。2000 年时，酒厂老板肯·布鲁克以他最爱的福特经典车型为灵感，采用了 20 世纪 70 年代的家酿配方，酿造出了这款老机油啤酒。之后更是在 2010 年 和 2011 年先后获得了世界啤酒比赛的奖项。

在早期的版本中，酒标上标注这是一款波特，但在最近的版本中都换成了黑色爱尔（Black Ale）。因此风格上也出现了老爱尔和波特两种说法。

富勒伦敦之门
Fuller's London Porter

基础资料

品　　名：富勒伦敦之门
（Fuller's London Porter）
产　　地：英国
风格种类：波特（Porter）
酒 精 度：5.4%

imbeer评价

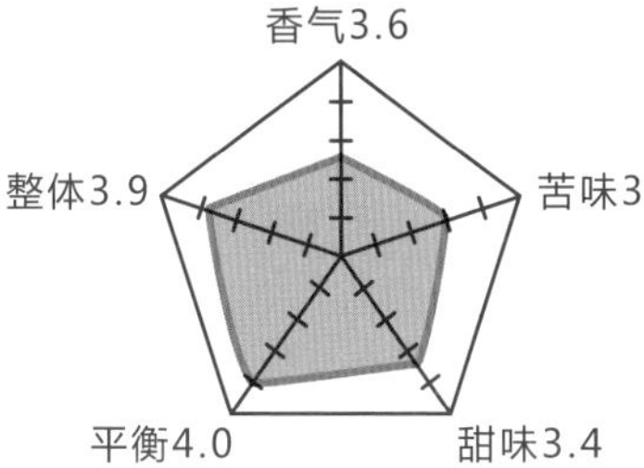

体 验

作为一款非常地道的波特啤酒，伦敦之门有着极具代表性的深黑色酒体，透光观察则是极深的酒红色，几乎不透明。酒入杯后泡沫并不多，但非常细腻，泡沫呈焦黄色且不易散去。下面则是纯净感很强的黑色酒液，视觉上是一种极好的享受。

伦敦之门散发出烤麦芽的味道，接近巧克力和咖啡的香味，淡淡的酒精味道也掺杂其中。入口后上述味道也依次呈现，甜味和苦味完美平衡，非常美妙。

故 事

格里芬啤酒厂是一个拥有超过350年酿啤酒历史的老酒厂，它的合作伙伴富勒史密斯和特纳在1845年收购了啤酒厂，命名为富勒啤酒厂。收购后的酒厂一直以生产伦敦之巅和伦敦之门两款啤酒而闻名于欧洲各地，其中伦敦之门属于波特风格的啤酒，并且是极具代表性的一款。

如果一定要推荐一款英式波特啤酒，则这款将是不二的选择。甚至可以说，这是现代版英式波特的标杆之作。

健力士
Guinness

基础资料

品　　名：健力士（Guinness）
产　　地：爱尔兰
风格种类：爱尔兰干世涛（Irish Dry Stout ）
酒 精 度：4.2%

imbeer评价

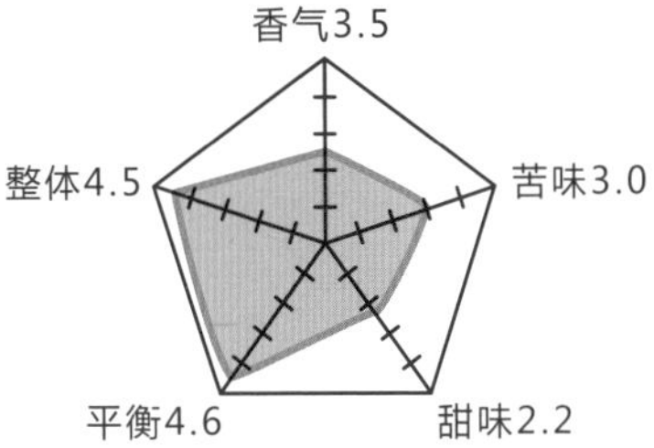

体 验

氮气版本的泡沫很容易就形成一种奶油状的盖子，最吸引人的要算刚到入酒杯时暗潮汹涌的视觉体验。伴随着浓浓的焦糖混合类似咖啡的烤麦芽味道，非常吸引人。

喝起来虽然有着明显的焦糖甜味，但入口也带着适中的酸度和苦度，结尾在口腔里留下咖啡的味道，不会让人产生腻烦感。完美的平衡性和整体表现让你想再来一杯。

故 事

1759 年，阿瑟 • 健力士以每年 45 英镑共 9000 年的租约租下位于都柏林的圣詹姆士门酿酒厂，并成立了阿瑟 • 健力士公司。

该厂于 1820 年开始酿造现在的健力士世涛啤酒，1833 年成为爱尔兰最大酿酒厂，并迅速开始扩张。现在，圣詹姆士门酿酒厂也成了都柏林标志性的景点之一，健力士啤酒也成为爱尔兰国宝级别的存在。

这个酒厂有无数的传奇故事，其中最大的八卦是：它们创造了“吉尼斯世界纪录”。

贝尔黑文苏格兰世涛
Belhaven Scottish Stout

基础资料

品　　名：贝尔黑文苏格兰世涛
（Belhaven Scottish Stout）
产　　地：英国
风格种类：世涛（Stout ）
酒 精 度：4.2%

imbeer评价

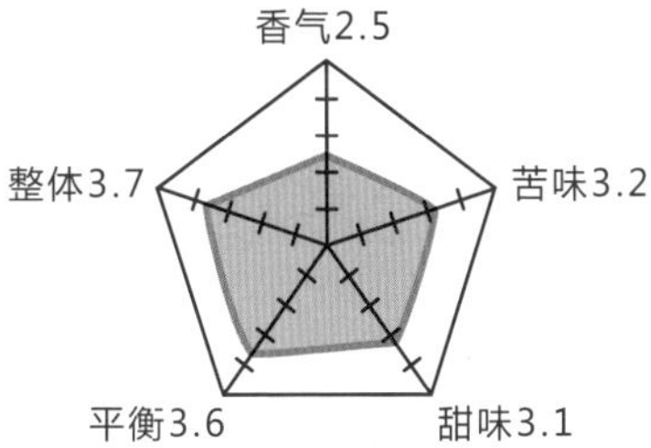

体 验

入杯之后，就体现出及其深厚
的黑色。黑到几乎完全透不过任何光
亮的酒体顶部有着大量细腻的泡沫，
泡沫层散去速度较慢，会留下一圈花
边，酒本身散发着浓烈的烘烤麦芽的
味道，后段还能闻到一些焦糖混合着
淡淡烟熏的气味。

入口后有明显的烤麦芽味道，杀
口感强，每一口始终夹杂着淡淡的烟
熏味，最后没有太多啤酒花的苦味。
整体上这款酒表现得非常好，如果你
喜欢世涛，则绝对不要错过它。

故 事

苏格兰盛产麦芽，在这个地方除了久负盛名的威士忌以外，他们的啤酒也不会让人失望。

约翰 • 约翰斯通在 1719 年成为贝尔黑文酒厂的拥有者，这是书本中关于苏格兰酒厂最早的记录。

酒厂附近的地区拥有优质的水源，当地盛产的大麦也极其适合啤酒酿造。 自 20 世纪 70 年代开始，家族经营慢慢地转化为企业管理。到了 2005 年，贝尔黑文酒厂被认定为苏格兰最古老的酒厂。

马克森世涛
Mackeson Stout

基础资料

品　　名：马克森世涛（Mackeson Stout）

产　　地：英国

风格种类：甜味世涛（Sweet Stout）

酒 精 度：2.8%

imbeer评价

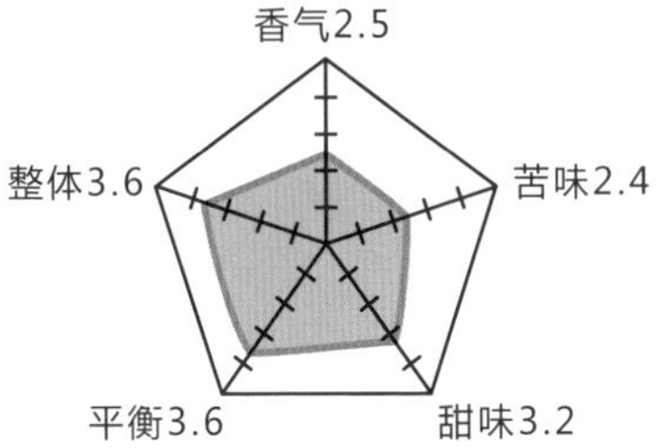

体 验

马克森世涛中含有部分乳糖，商标上的图案是一个传统的打奶器，暗示着这款啤酒口味清淡、顺滑。

倒入杯中，黑褐色的酒体之上是浅焦糖色的泡沫，这层泡沫犹如奶油般轻盈且十分丰富。闻起来会有淡淡的牛奶和咖啡的气息，回味中有乳糖典型的奶味。请不要把它与你印象中的重口味世涛做比较，在这款啤酒中，你将会得到另一种体验：原来，深色啤酒也可以酿得如此清淡。

故 事

这款世界上最著名的甜味世涛啤酒是1907年由马克森啤酒厂所酿造的。

该啤酒厂位于英格兰的肯特郡。20世纪20年代，马克森世涛就成了低度甜味世涛啤酒的市场领导者。

后来几经易手，这款啤酒最终由惠特布雷德酿酒集团得到，并在曼彻斯特市生产。

2012年3月，为了达到低酒精啤酒的出口免税条件，该集团把出口版的酒精度从3%降低到2.8%。

阳斯巧克力
Wells & Young's Double Chocolate Stout

基础资料

品　　名：阳斯巧克力（Wells & Young's Double Chocolate Stout）

产　　地：英国

风格种类：甜味世涛（Sweet Stout）

酒 精 度：5.2%

imbeer评价

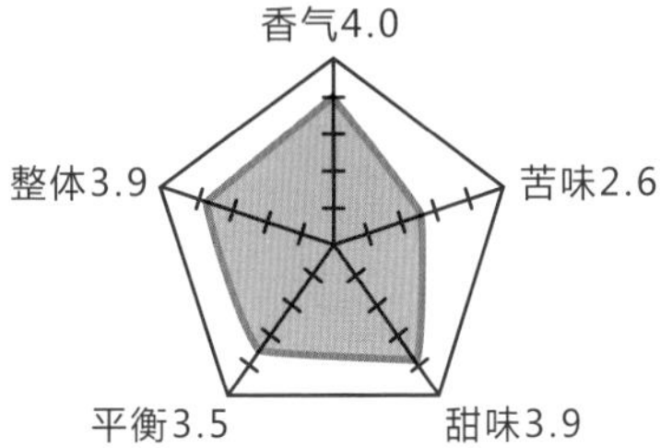

体 验

这款酒入杯以后，酒本身呈现出及其深邃的颜色，散去速度适中。酒散发出巧克力味道，但没有过于甜的焦糖味和过于浓烈的麦芽味，是一种非常典型的可可味道，让人感觉清淡又放松。

入口之后，首先感觉到相当温和的焦香麦芽的味道，掺杂着一些咖啡和巧克力味，给人留下深刻印象。喝这款酒与喝其他种类的世涛啤酒有着截然不同的体验，是一种非常中性的味道，酸甜苦调和得很柔和，更像是在喝淡淡的奶油。

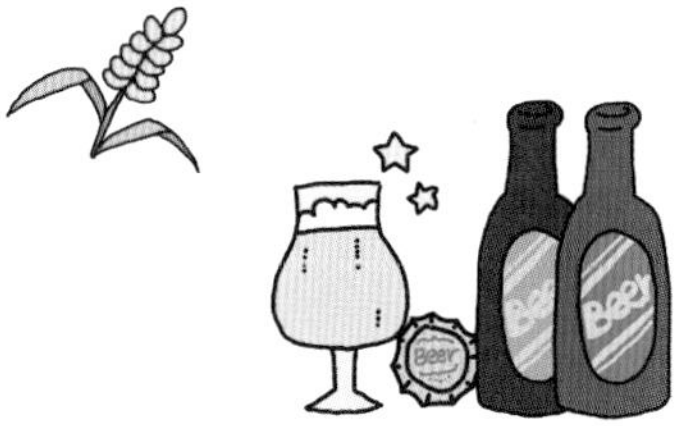

故 事

甜味世涛这类啤酒通常在世涛风格的啤酒基础上更强调了甜味，经常会增加一些辅料，比如前文提到的乳糖和这款使用的巧克力。

威尔斯和阳斯酒厂是一个创建于2006年的“年轻”酒厂，但它的实际年龄并不小，反而算得上“老牌”。从英文名字可以看出，它是由两家公司合并而成的，即1876年创立的查理威尔斯公司和历史可以追溯到1581年阳斯酒厂。2006年，两家公司宣布合并，携手揽腕，共同发展。

勇气帝国世涛
Courage Russian Imperial Stout

基础资料

品　　名：勇气帝国世涛（Courage Russian Imperial Stout）
产　　地：英国
风格种类：帝国世涛（Imperial Stout）
酒 精 度：10%

imbeer评价

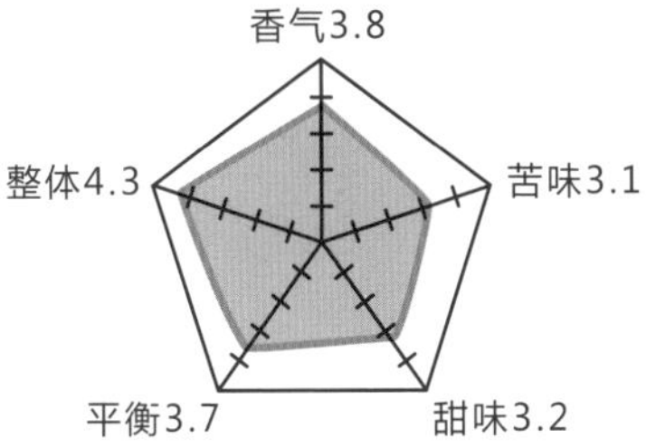

体 验

这款帝国世涛的酒精度为 10%，保质期长达 15 年。

倒入杯中，酒体黑暗深沉，焦糖色的泡沫散发着浓厚的酒精和黑咖啡的气味，其中还有着淡淡的石楠花香，泡沫层散去的速度很慢。

入口酒体黏稠顺滑，杀口感较弱，有着烤麦芽的香甜味道和可可豆苦涩的口感。之后是酒精带来的辛辣感，给人强烈的冲击。咽下之后，整个口腔里残留的是比较浓的烤麦芽味。

故 事

18 世纪，当时的俄国女沙皇叶卡捷琳娜二世从伦敦将一款特别为她酿造的啤酒带回到沙俄皇宫，让“世涛”的前面被冠以了“帝国”的这个充满霸气的前缀。

当初在泰晤士河南岸为女沙皇酿酒的酒厂现在已经不复存在，这款啤酒最后在伦敦酿造的记录停留在 1982 年。

不过注重传统的英国人不会让这款经典的啤酒消失。前文提到的阳斯酒厂几经转折后得到了这款酒的传统配方，并购买了商标使用权。2011 年起，阳斯在旗下的勇气酒厂复制了该酒。

班克斯
Banks's

500ml CAN
BIG 500
FIDE ET FORTITUDINE 1875
BANKS'S
MILD
PARK BREWERY WOLVERHAMPTON
Smooth and full bodied with a malty, warming and slightly fruity taste
AWARD WINNING MILD

基础资料

品　　名：班克斯（Banks's）

产　　地：英国

风格种类：淡味爱尔（Mild Ale）

酒 精 度：3.5%

imbeer评价

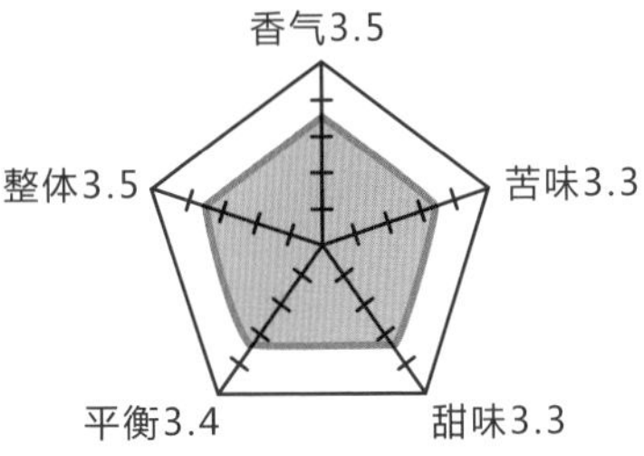

体 验

这是一款在中国世面上为数不多的淡味爱尔风格啤酒。外观呈现深棕色，白色的泡沫散发着麦芽的香味，口感温和。

入口麦芽味道强烈，整体表现非常中庸，伴有一些烤面包和焦糖的味道，以及一点点的水果味。杀口感适中，酒体较轻。

总体来说，它是一款畅饮型啤酒，对于没尝试过该类风格的人来说值得一试。

故 事

班克斯酒厂至今已经有一百多年的历史了。虽然它曾一度因为经营不善走入低谷，但最终仍能保持独立运作和原始风格。该酒厂从成立起就采用了自制的酵母，因此我们喝到的这瓶酒也可以说是一百年前的味道。

淡味爱尔啤酒曾经在英国本土流行过一段时间，但由于战争和酒税政策，逐渐没落。现在的淡味爱尔和一百年前的也只是名字一样，内涵已经有很大出入。

另外，这类啤酒在英国本地通常是用手泵打出的鲜啤，这种罐装的版本到底能够还原多少该风格的精髓我们不得而知。

纽卡索棕色爱尔
Newcastle Brown Ale

基础资料

品　　名：纽卡索棕色爱尔
　　　　（Newcastle Brown Ale）
产　　地：英国
风格种类：棕色爱尔（Brown Ale ）
酒 精 度：4.7%
昵　　称：小狗

imbeer评价

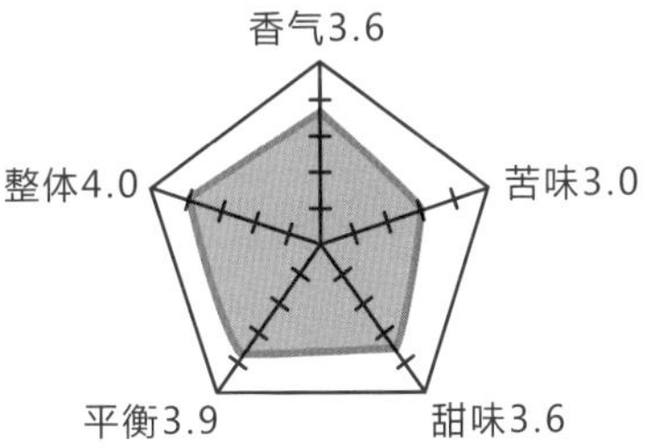

体 验

纽卡索的外观呈现非常漂亮的棕红色，泡沫丰富。闻起来有浓浓的焦糖和坚果的味道，啤酒花的味道不浓。

入口细品和闻起来类似，第一感觉也是浓烈的焦糖味，之后便是淡淡的坚果味。随后，口中的一点点酸涩感会很快被甜味取代，最终落到水果的甜味上，并无太多苦味出现。

故 事

在 1928 年的“国际啤酒酿造展览”中，纽卡索棕色爱尔获得了唯一的冠军，第二年他们获得了“绝无仅有（The One And Only）”的称号。

当时人们给这款棕色爱尔起了一个绰号叫“小狗”。原来到了傍晚，全城的绅士们都会以遛狗的名义偷偷溜到酒馆中，就为了品尝一杯纽卡索棕色爱尔，可见这款啤酒在当时的受欢迎程度。它也曾经一度成为全英国乃至全世界销量最大的瓶装棕色爱尔啤酒。

格林王印度淡色爱尔
Greene King IPA

基础资料

品　　名：格林王印度淡色爱尔
　　　　　（Greene King IPA）
产　　地：英国
风格种类：苦啤酒 / 英式淡色爱尔
　　　　　（Bitter/English Pale Ale）
酒 精 度：3.6%
昵　　称："同款" IPA

imbeer评价

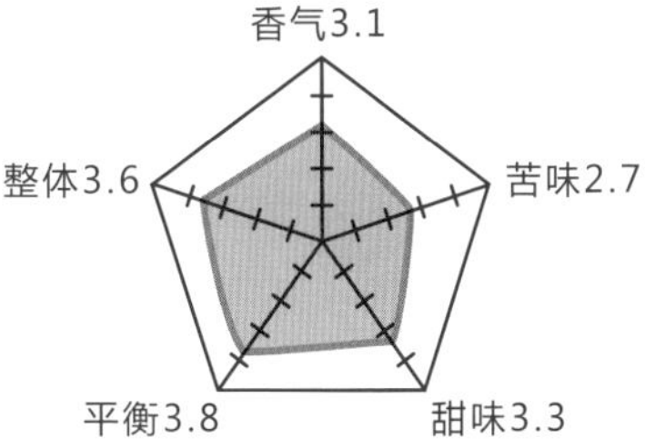

体 验

总体来说，它是一款非常标准的英式苦啤酒，是了解传统英国啤酒的入门教材。3.6% 的酒精度非常适合畅饮或作为第一杯饮用。

闻起来没有英式酒花的草药味道，但焦糖味、麦芽味很突出。酒体顺滑、轻快，入口也只有坚果和麦芽的甜味比较突出，平衡感很好，杀口感和苦味相对较弱。

故 事

英国首相卡梅伦曾在酒吧用这款啤酒招待我国领导人，这使这款酒在我国闻名。

这家酒厂成立于 1799 年，在英国本土十分有名。这款酒是该厂最拿得出手得作品。它是格林王走向整个世界的"敲门砖"。

值得一提的是，这款酒在我国有很多版本，虽然都叫格林王印度淡色爱尔，但每个版本的配方都不一样。同时，卡梅伦请客时喝的是生啤的版本，与我国版本肯定也会有细微不同，因此可能并没有人知道究竟哪一个才是真正的同款啤酒。

延伸阅读

解读“同款”IPA

虽然名字叫作印度淡色爱尔（IPA），但是卡梅伦请客喝的这款酒并不是一款现在标准意义上的 IPA，而是一款英式苦啤酒（Bitter）。既然是一款苦啤酒，为什么又标注 IPA 呢？

苦啤酒，淡色爱尔（Pale Ale），印度淡色爱尔，在有格林王这款酒的时候可能还是傻傻分不清楚的。“Pale Ale”这个词在 18 世纪以前就存在了，但它并不是一个明确的啤酒风格定义，仅仅是浅色啤酒一词的代表。

19 世纪，Bitter 在英国酒吧基本等同于 Pale Ale 的代名词。在人们使用酒牌来区分不同的啤酒之前，Bitter 这个术语已经被普遍使用。酿酒师们称那些啤酒为 Pale Ale，但一般的客人都叫它 Bitter。在酒吧没有任何标识来告诉人们点酒的时候应该说 “给我一杯 Pale Ale”，所以客人每次都用

“Bitter” 来告诉酒吧侍者：不想要甜的啤酒或者少加啤酒花的淡味啤酒 。这种奇妙的默契持续了近一个世纪，由于顾客长期称呼这种啤酒为 “Bitter” ，因此后来很多酿酒师也都这么使用这个词来命名这个类型的啤酒。

说完 Bitter 和 Pale Ale 的关系再说 Pale Ale 和 IPA 的事。刚才说了，早期的 Pale Ale 并不是一个啤酒的分类。真正让它成为一个分类的代名词还是因为 IPA 的流行。

1790 年，乔治·亨德森开始将 Pale Ale 运往印度，这是使 Pale Ale 成为一种独立风格的重要里程碑。19 世纪初，由于拿破仑战争导致的禁运政策和高关税政策，英国伯顿地区的酿酒商失去了出口啤酒到波罗的海国家的可能。此时，乔治·亨德森的公司控制了印度地区的出口，但这就必然与东印度公司交恶。

因此，东印度公司便接近伯顿地区的另一个酿酒师，请他帮助东印度公司复制亨德森出口的 Pale Ale 啤酒，占领印度市场。1822 年，东印度公司的第一批啤酒被酿造并运往印度，随后，这一类型的酒被大量出口。伯顿地区的麦芽生产商为这种酒制作了一批特殊的浅色麦芽，配合当地富含矿物质的硬水，非常适合酿造。这种硬水使啤酒花的苦味在酒中更加凸显，这也成为最早的 IPA 风格。

很快，伯顿地区的啤酒开始在英国流行，来自其他地区的酿酒师也开始迅速地复制这个类型的啤酒。IPA 是一款很烈的啤酒，酒精度在 7% 左右。低酒精度版本也开始生产，这些通常被称为 “Pale Ale” ，而一些酿酒师开始称之为 “Bitter” 。

所以绕了一圈，你会发现，不论是 Bitter、Pale Ale 还是 IPA，从早期来看就像对比诸葛亮、孔明和卧龙。尽管从现在的标准看，不论是在苦度还是酒精度，可能 “同款” IPA 距离现在通用的标准并不达标，但它被叫作 IPA 是有一定道理的，这也就是那个时代所带来的特殊性。

宝汀顿
Boddingtons Pub Ale

基础资料

品　　名：宝汀顿
（Boddingtons Pub Ale）
产　　地：英国
风格种类：苦啤酒 / 英式淡色爱尔
（Bitter/English Pale Ale）
酒 精 度：4.7%

imbeer 评价

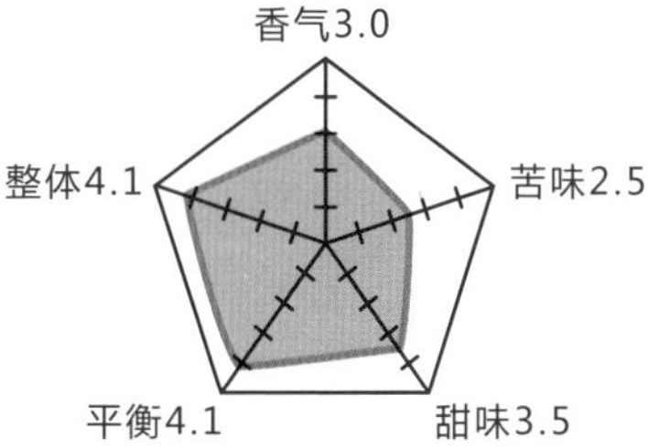

体 验

宝汀顿啤酒是英式淡色爱尔啤酒的典型代表。由于氮气球的存在，因此倒进杯中的时候，细腻的泡沫冲击而起，浮在顶上，几乎不会散去，很漂亮。

闻起来，水果的香味和麦芽甜味混合在一起。入口有很清淡的水果味和麦芽甜味，之后能感受到啤酒花的微苦。最后在口中回味能找到明显的坚果味道。酒体顺滑，杀口感不强，一种非常有特点的油腻感附着在酒液上，滑过喉咙的时候会有吃奶油的感觉。

故 事

宝汀顿啤酒有浮动气泵系统，是一种将氮气与二氧化碳混合的装置，它通过罐中一颗塑胶圆球，在开罐数秒内自动向酒体中冲注氮与二氧化碳混合气体，给啤酒带来丰富的口感和非常细腻的泡沫。

这层闻名于世的泡沫，被称为“曼彻斯特的奶油”，它给人带去的是真正的即时制作的生啤酒。

富勒伊仕皮啤酒
Fuller's ESB

基础资料

品　　名：富勒伊仕皮啤酒（Fuller's ESB）
产　　地：英国
风格种类：特别苦啤
　　　　　（Extra Special Bitter）
酒 精 度：5.9%

imbeer评价

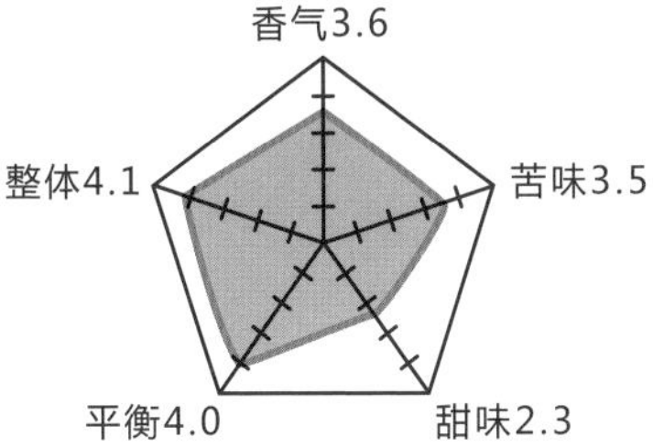

体 验

特别苦啤的代表作，甚至说仅凭这一款酒定义了这种风格。在众多英式啤酒中，它绝对属于上乘，基本上可以说一见到它就不用再喝其他同类的啤酒了。

它没有太多过分的泡沫，酒体接近琥珀色，散发微弱的水果味道。入口后口感很好，很平衡，类似太妃糖的甜味和啤酒花的苦味也很均衡。杀口感适中，顺滑、柔和，是一瓶绝佳的美味。无论你是不是喜欢喝英式啤酒，这都是你应该要品尝的一瓶。

故 事

这是富勒酒厂最初在 1969 年酿造出一款啤酒。很多酒评家形容它为“啤酒中的果酱”。富勒酒厂的这款啤酒是第一款特别苦啤，最初它只是一款叫作棕色苦啤（Brown Bitter）的啤酒，直到在 1971 年才正式以现在的名称出现。

虽然翻译过来可以叫作“特别苦”，但实际上这只是一个相对的概念。用现在最流行的美式印度淡色爱尔来衡量的话，这款酒的苦味值只有前者的一半，甚至更低。

酿酒狗朋克
BrewDog Punk IPA

基础资料

品　　名：酿酒狗朋克
（BrewDog Punk IPA）
产　　地：英国
风格种类：美式印度淡色爱尔
（American IPA）
酒 精 度：5.6%

imbeer 评价

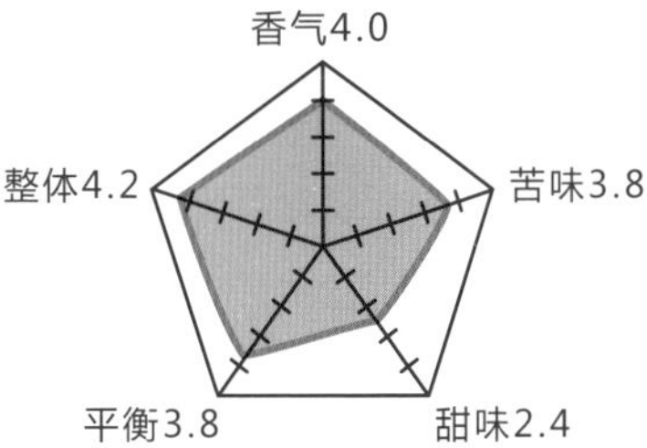

体 验

这款酒有非常漂亮的橘黄色酒，不通透，略显浑浊，顶部的泡沫不多但胜在足够细腻。它散发着明的水果味道，恰到好处，很吸引人。

入口之后，首先表现出来的是啤花带有的香气和苦味，很快便能在股苦涩里面找到掺杂其中的水果香和极淡的焦糖甜味。焦糖的甜味并抢戏，只是恰到好处地中和着味道，酒在后段得以充满水果的香甜。杀感较强，整体咽下去后有着比较干的感觉，口腔里留着的苦味渐渐显出水果香味。

故 事

"这不是一款普通的标准化流程制造的啤酒。这是一款浓郁的啤酒。我们才不在乎你是否会喜欢它。那些味道平庸、千篇一律的啤酒可不是我们追求的。其实我们非常怀疑，你是不是有足够的品味欣赏这款啤酒的深刻内涵、鲜明个性和优异的品质。也许你并不在乎这瓶酒在酿造过程中只用最好的新鲜材料，它不含防腐剂、添加剂。也许你并不在乎这些。那么还是滚回去喝你在超市里买的廉价拉格啤酒吧，再见不送。"

朋克 IPA 的包装上曾经印着的这段著名的独白，是绝大多数人爱上酿酒狗 的原因之一。

多说一句，看到罐装的版本，千万别犹豫！

酿酒狗杰克汉门

BrewDog Jack Hammer IPA

基础资料

品　　名：酿酒狗杰克汉门（BrewDog Jack Hammer IPA）
产　　地：英国
风格种类：美式印度淡色爱尔（American IPA）
酒 精 度：7.2%

imbeer评价

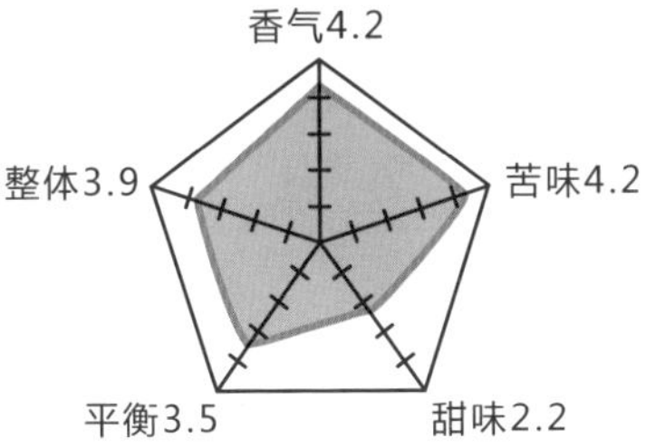

体 验

“Jack Hammer”在英语中是“风镐”的意思，寓意着啤酒花对你味蕾的冲击犹如风镐一般铿锵有力。金色朦胧的酒体上面是洁白的泡沫，浓郁的热带水果的香气让人有些迫不及待。

入口以清甜的麦芽味作为掩饰，非常的干爽，然后就是满口的啤酒花香味，下咽后，苦才慢慢袭来，一波接一波，让人大呼刺激。如果第一瓶就选择这款酒，则会让后面的啤酒索然无味。

故 事

酿酒狗从来就不缺乏新意，为了获取更多的灵感，在2012年他们开启了一次挑战赛。这是一个酿酒狗公司内部举办的酿造比赛，上到酒厂酿造总监下到酒吧扫地大妈都可以参与。比赛由员工们互相评比，杰克汉门就是当年的亚军。

在imbeer的2015年度评比中，这款酒夺得了美式印度淡色爱尔组的冠军。可见其强大的冲击力是多么的诱人！

酿酒狗这是拉格
BrewDog This. Is. Lager

基础资料

品　　名：酿酒狗这是拉格

（BrewDog This. Is. Lager）

产　　地：英国

风格种类：皮尔森（Pilsener）

酒 精 度：4.7%

imbeer评价

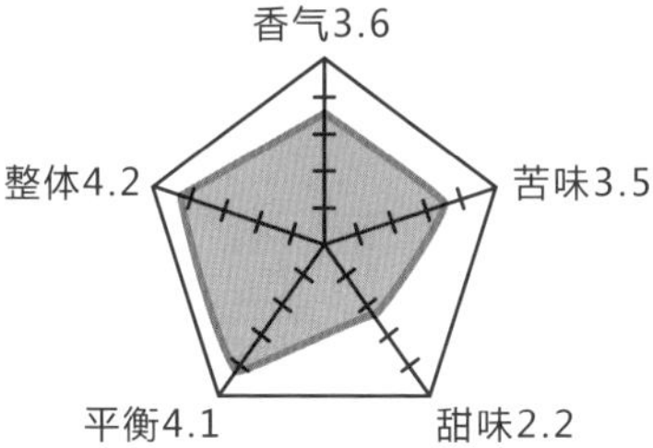

体 验

在这瓶啤酒中，你可以轻松找到所谓的麦芽味，金黄透彻的酒体，洁白的泡沫，一切都那么熟悉。只是滑过喉咙的那一刻，开始变得不一样，清爽的口感伴着麦芽味和一点点辛辣的刺激，让人想一饮而尽。

如果你觉得金黄色的拉格啤酒都淡如水，如果你对拉格类啤酒还有所抵触，那么这款酒将会彻底改变你的认知。

故 事

2014 年，酿酒狗为旗下产品更换了全新风格的酒标，官方解释是：“以前的设计已经不符合现在的我们了，我们要以全新的一面重新出发。”

同时，酿酒也推出了采用新酒标后的第一款酒——这是拉格（This. Is. Lager）。

“这款啤酒没有复杂的干投啤酒花，没有使用木桶陈酿，没有使用动物尸体包裹，当然也不会有添加剂，酒如其名，它只是瓶拉格啤酒，简单纯粹。”

越简单纯粹的东西往往越复杂，这款酒的水准足够说明一切。

森美尔杏桃
Samuel Smith's Apricot Ale

基础资料

品　　名：森美尔杏桃
（Samuel Smith's Apricot Ale）
产　　地：英国
风格种类：水果啤酒（Fruit Beer）
酒 精 度：5.1%

imbeer评价

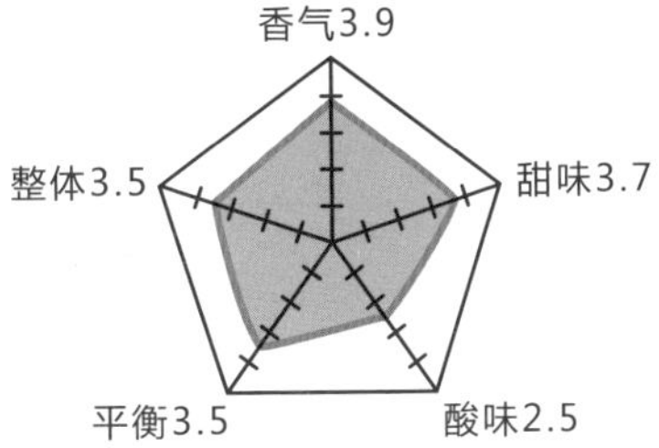

体 验

倒入杯中，酒体呈现淡黄色，微微浑浊。泡沫细腻且丰富，消散速度不快。闻起来有杏桃的酸酸甜甜的香气，非常好闻。

入口酒体较轻，杀口感不强。杏桃的甜味比较明显，微微的酸味很好地突出了水果啤酒本身的特征。麦芽的味道也在此时隐隐地支撑着酒体的平衡，非常爽口。

故 事

森美尔史密斯成立于1758年，它是英国约克郡最古老的啤酒厂。19世纪以来，他们一直以酿造并出售上发酵的爱尔啤酒闻名于世。

现在，他们还拥有三个其他品牌和超过200家的酒吧，酒吧中只出售森美尔史密斯的啤酒。这是目前为止英国流传下来的、保留了最原始风味和经营理念的啤酒厂。但是，这款杏桃啤酒却非常反常规，和英式传统酿酒风格相去甚远。因此非常值得一试。

海维斯顿奥拉 18 年
Harviestoun Ola Dubh 18 Year Old

基础资料

品　　名：海维斯顿奥拉18年（Harviestoun Ola Dubh 18 Year Old）

产　　地：英国

风格种类：老爱尔（Old Ale）

酒 精 度：8%

imbeer评价

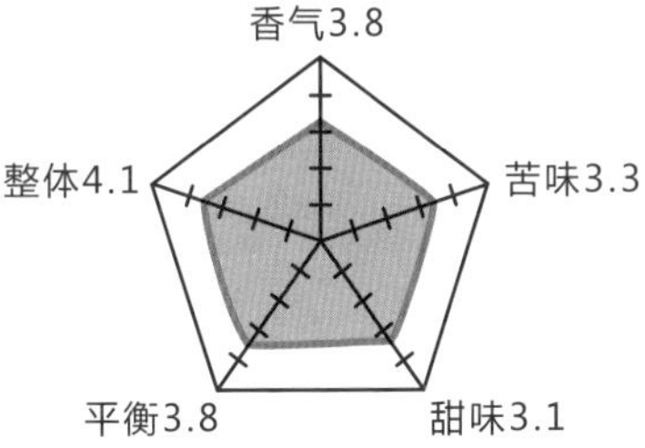

体 验

倒入杯后，这款酒呈现出浓厚的黑红色。泡沫呈现浅咖啡色，且只有薄薄的一层。闻起来，酒精味和烘烤的麦芽香味非常明显。其中夹杂着过桶之后所特有的浆果酸甜的味道，还有一些蜜饯和香草味。

入口后可以感受到浓郁顺滑的口感，几乎没有任何的杀口感。味道上与闻起来无异，烘焙麦芽和焦糖味首当其冲，浆果的酸味紧随而来，最后是巧克力和橡木的味道，啤酒花的味道并不明显，需要细细品味。

故 事

海维斯顿最著名产品名为“Ola Dubh”。这个词在苏格兰盖尔语中意思为“黑油”。

在海维斯顿酒厂旁边还有一家著名的威士忌酒厂——高地公园（Highland Park）。这个系列就源自于两家酒厂的强强联合。2007年，海维斯顿的酿酒师斯图尔特•考尔以美式帝国波特风格（Imperior Porter）为灵感将本厂生产的老机油啤酒放入高地公园酒厂不同年份的各种单一麦芽威士忌橡木桶中陈酿，从而得到与众不同的味道。

这个系列种类很多，除了18年之外，还有12年、16年、21年、30年，等等。

来自比利时的啤酒

其他国家的酒厂还在努力要让啤酒展现出完美的风味时，比利时人就已经在把玩啤酒的多样性了。

啤酒在比利时的出现要追溯到第一次十字军东征的年代，时间上远远早于比利时成为一个独立的国家。最初，啤酒由僧侣们酿造，并被他们形容为“醇厚甘甜的琼浆”。酒精含量较低的啤酒可以大量饮用，卫生条件也胜过当时的饮用水。所以在天主教会的许可之下，当地的法兰西和弗勒芒修道院，可以酿造并销售啤酒，以此来筹集资金。

在接下来的七百年里，在修道院严密的监管下，传统啤酒的酿造工艺逐渐形成。在 18 世纪末，现在酿造啤酒的修道院主要被逃离法国大革命的僧侣们占据。随着工艺不断的成熟，啤酒销售也在 19 世纪应运而生。第一家修道院啤酒厂西麦尔在 1836 年投入运营。虽然比利时啤酒工艺的形成已有近千年，但广泛销售只是近 200 年的事。

在历史的长河中，比利时被外国军队侵略与占领超过 30 次以上。这使比利时人骨子里有一种保留本地文化的心态。在啤酒酿造上亦是如此。当金光闪闪的拉格啤酒盛行欧洲的时候，比利时人还在坚持着自己的原始风格，不向主流低头。

比利时啤酒，尤其是其修道院啤酒也影响了周边很多国家。同样的，世界啤酒的新风潮也会反哺比利时啤酒。在本节中，我们也将有所涉及。以下是一些代表风格的介绍。

● 金啤酒（Belgian Blonde Ale）

这是一种淡色、具有透明酒体的上发酵啤酒，流行于比利时、法国、英国等地。它往往具有清淡的啤酒花味道和水果混合焦糖甜味，各种层次清晰明确，整体混搭又比较均衡，是任何场合都很适合的啤酒。这种类型的啤酒最早是英国人的发明，后来被比利时人发扬光大。他们通常会使用皮尔森啤酒常用的麦芽进行酿造，以呈现金黄的颜色。

● 双料啤酒（Dubbel）

双料啤酒有着标志性的棕色。它是传统修道院啤酒的主要类型之一，由西麦尔修道院的僧侣在 19 世纪创造。双料啤酒通常为甜味较重且酒精度较高的深色啤酒。去除了比利时啤酒固有的微酸味，还辅之以浓厚的水果味道，让它在二战时期开始在世界范围内流行。双料则是为了全球范围的商业目的而定义的名称。

● “三料”啤酒（Tripel）

“三料”这个词起初是用于形容烈性淡色爱尔，之后与西麦尔修道院的三料啤酒联系了起来。三料这一风格和名词逐渐传遍比利时全境，之后传向美国和其他国家。最初只有修道院啤酒才有资格称自己酿造这一类型的啤酒为三料啤酒。之后随着条件的放宽，越来越多的修道院授权酒厂，甚至是比利时以外的酒厂，都开始开创自己的三料风格。

- 比利时小麦白啤（White，Wit，Wheat Beer）

这一风格的啤酒起源于中世纪比利时弗勒芒地区。它在荷兰语中被称为“Witbier”，法语是“Biere Blanche”，英语则为“Wheat Beer”。传统做法是将小麦和大麦混合制成。尤其适合在炎热的夏季饮用。这种啤酒也会加入一些传统的草药混合物，比如芫荽、橘皮等等。由于使用小麦，白啤还略带有一丝甜味，非常容易入口。现在有些啤酒厂已经开始酿造水果味的白啤，以便更加顺应这种潮流。

- 拉比克啤酒（Lambic）

拉比克啤酒出自比利时布鲁塞尔西南的帕杰坦伦（Pajottenland）地区。它是一种采取自然发酵的啤酒。与大多数现代啤酒都选用精心培育的酵母菌株进行发酵不同，拉比克啤酒采用峡谷中的野生酵母和细菌进行发酵，之后还要再经历一个漫长的成熟期，从三～六个月到两三年不等。正是这种不寻常的过程，赋予了拉比克啤酒独特的口感：不甜，有葡萄酒和苹果酒香，后味发酸。拉比克啤酒可以分为：混酿啤酒（Gueuze）、水果兰比克啤酒和法柔啤酒（Faro）等。

- 法兰德斯红爱尔（Flanders Red Ale）

法兰德斯红爱尔采用特制的烤麦芽、几种普通的上发酵酵母和一种乳酸菌混合发酵，最终在橡木桶中成熟而成。其结果是产生了这款口味较重的啤酒，颜色呈红褐色，带有显著的酸味，随后是丰富的水果味口感。该风格与法兰德斯棕爱尔相近。

- 法兰德斯棕爱尔（Flanders Oud Bruin）

比利时法兰德斯地区特产的棕色爱尔啤酒风格，也是来自比利时的弗勒芒地区具有代表意义的啤酒风格。“Oud Bruin”实际是“Old Brown”的不同写法，指的是啤酒在发酵过程中存在较长时间的熟化过程。有些在木桶中的熟化时间可能需要长达一年，然后再经历一个二次发酵的时间，最后加上数月的瓶中发酵，使残留的酵母和各种菌类成长出各种特征的酸味，延长老化。所以这一风格的啤酒是酸的，是甜的，是不苦的。

- 塞森（Saison）

塞森（法语“季节”的意思）啤酒最初是比利时法语区季节性酿造的一种爽口、低酒精度的淡色爱尔啤酒。在收获的季节，农民们拿它来解渴。现如今，其他国家也在制作塞森啤酒，特别是在美国。

西麦尔双料
Westmalle Dubbel

基础资料

品　　名：西麦尔双料

（Westmalle Dubbel）

产　　地：比利时

风格种类：双料啤酒（Dubbel）

酒 精 度：7%

imbeer评价

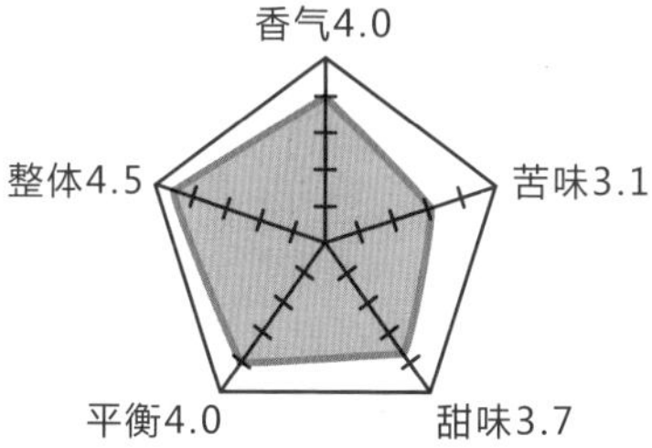

体 验

深黑的酒体上面覆盖着厚厚一层细腻的浅焦色泡沫，散去速度适中，同时散发着明显的焦糖混合水果的甜味。令人惊讶的是，它还带有淡淡的啤酒花的香气，这是很少见的。

入口后，首先体现出来的是水果味道，意外的是没有特别重的焦糖味道。后段体现了淡淡的啤酒花苦味，咽下之后在嘴里留下的也是果香和啤酒花混合的味道。酒体比较厚重，杀口感适中，酒精味道并不骇人，很干爽，而且不腻。

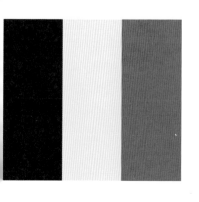

故 事

1836 年 12 月 10 日，西麦尔修道院开设了第一家修道院啤酒厂。1856 年，修道士们以自己修道院酒厂的名义酿造了第一款“商业”修道院啤酒。这款啤酒有着较高的酒精度和浓郁的果香，并且在酿造时加入了深色的小麦麦芽使酒体呈现深棕红色，以便和当时浅色的“单料啤酒”区分开来。由于使用了两种麦芽，这款酒在之后被酒厂称为“Dubbel”，这就是第一款双料啤酒。

西麦尔三料
Westmalle Tripel

基础资料

品　　名：西麦尔三料
　　　　（Westmalle Tripel）
产　　地：比利时
风格种类：三料啤酒（Tripel）
酒 精 度：9.5%

imbeer评价

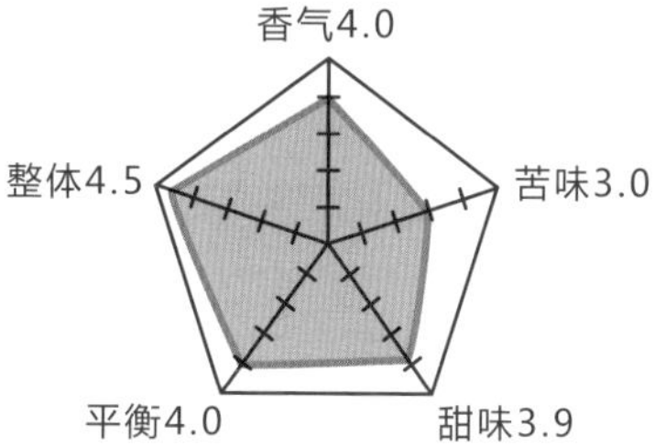

体 验

闻起来，西麦尔三料散发着非常明显的水果、酵母混合啤酒花的味道，甜苦掺杂，这也是非常典型的三料啤酒的味道。虽然酒精度数很高，但并没有那么强烈的酒精味道。乳白色泡沫层，散去速度适中，最后能在酒液顶部留有薄薄的一层泡沫，底部也有大量气泡涌出，活力十足。

入口后，西麦尔三料带有较强的杀口感，有一点水果的味道，很快转成麦芽味道并混合着啤酒花的苦涩。结尾味道呈现得很干脆，过渡准确平滑。

故 事

1934 年，西麦尔推出的这款淡色烈性爱尔是普遍认为的第一款三料啤酒。这款啤酒第一次发售没有用“Tripel”命名。

“Tripel”这个词最早也不是西麦尔提出的。“Tripel”一词起初是低地国家用来形容烈性淡色爱尔的。关于这个词的起源至今还没权威的考证，比较信服的说法是因为当时酒桶上有着类似于“X”的标记，“X”的酒精度最低，“XX”的酒精度中等，“XXX”的酒精度最强，参照现在的酒精度大约是 3%、6%、9%。

智美蓝帽
Chimay Grande Reserve

基础资料

品　　名：智美蓝帽（Chimay Grande Reserve）

产　　地：比利时

风格种类：比利时烈性深色爱尔（Belgian Strong Dark Ale）

酒 精 度：9%

imbeer评价

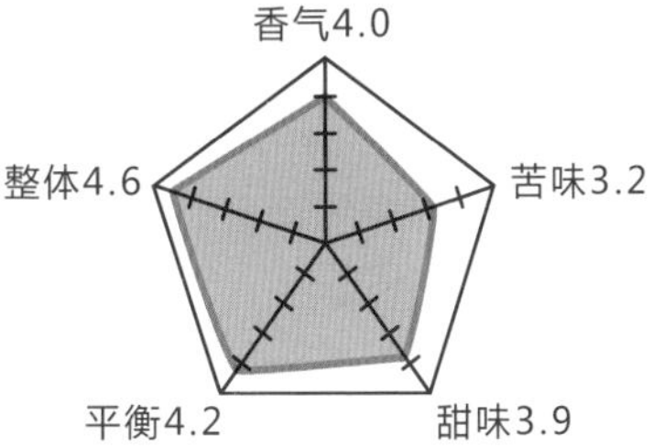

体 验

智美蓝帽是典型的比利时风格烈生爱尔啤酒，酒性强烈、口味丰富、须色深黑是它最主要的几个特点。入口之后，苦味冲击出来，直到咽下之言喉咙处仍留有一丝苦味，而口腔中充满的是浓郁的果香和焦糖味道。

智美蓝帽在味道上的处理非常到立，口感厚重，口味丰富。各种味道皮处理得很好，之间的切换过程也非常流畅。

故 事

1850 年，在距离比利时“智美镇”10 千米的地方出现了一个名叫斯高蒙特圣母玛利亚（Our Lady of Scourmont Abbey）的修道院，但随着饥荒和战争很快就被变卖了。1862 年，修道院再次开张，不过这次开张不单单是为了重塑修道院，重新酿造“修道院啤酒”成为新修道院的重要使命。该修道院也成为第一间以修道院啤酒（Trappist）为名，涉足商业市场的修道院。他们酿造的啤酒以“智美（Chimay）”命名。

值得一提的是，这款酒实际上有着超长的贮藏期。很多“啤酒疯子”会一次买上很多，然后分不同的年份喝，像红酒一样收藏把玩。

阿诗金
Trappist Achel 8° Blond

基础资料

品　　名：阿诗金

（Trappist Achel 8° Blond）

产　　地：比利时

风格种类：三料啤酒（Tripel）

酒 精 度：8%

imbeer评价

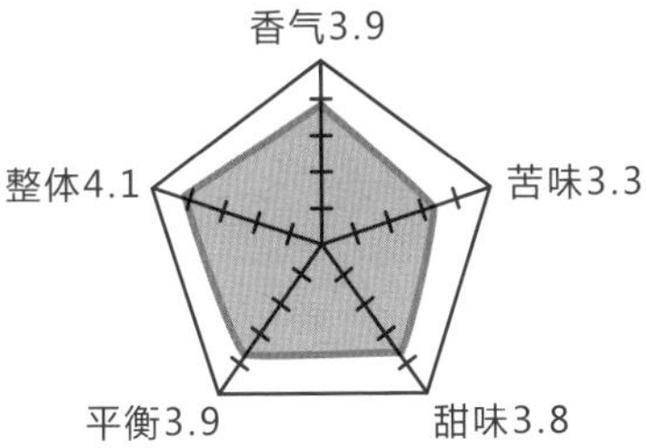

体 验

啤酒入杯之后，泡沫极其丰富，散去比较慢，但是不够细腻。随之散发着淡淡的鲜花香味，靠近酒杯会闻到明显的酒精味道，伴有一些水果的香味。

入口后，酒体质感属于中等级别，杀口感也一般，但有着明显的水果香。之后，酒精的香味和啤酒花的苦味会一同体现出来。阿诗啤酒从整体表现上来说非常不错，但是不像其他修道院啤酒那样口感厚重、丰富多变。如果你是比利时啤酒的爱好者，则这是值得向你推荐的一杯。

故 事

说起修道院啤酒，就不得不提阿诗。它是一家非常特殊的比利时修道院啤酒厂。虽然有着几百年的酿酒史，但现在我们喝到的阿诗啤酒却只有短短十数年的历程。它也是最早被认证的 7 家修道院啤酒厂中最小的一个。

啤酒厂的历史可以追溯到 1648 年。受战争的影响，1917 年时，修道院的酒厂被拆除。现在生产我们喝到的阿诗啤酒的酒厂实际上是在 1998 年在西麦尔和罗斯福修道院的帮助下重新建立的。酿酒的配方和技术也来自这两家修道院啤酒厂，而并非流传下来的古法。

奥威
Orval

基础资料

品　　名：奥威（Orval）

产　　地：比利时

风格种类：比利时爱尔（Belgian Ale）

酒 精 度：6.2%

imbeer评价

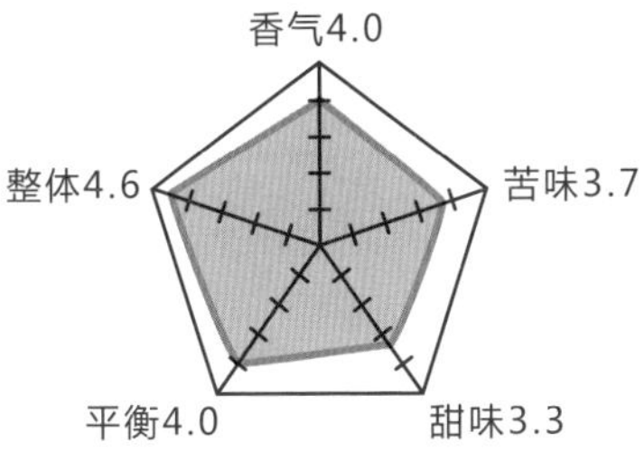

体 验

奥威的泡沫并不算细腻，持续时间很短。棕红色的酒体，散发着水果混合味道的香气，有别于传统的比利时爱尔啤酒；也不同于其他修道院啤酒，它少了一份厚重感。跳跃的味道带来更让人期待的感觉。

酒体浑厚，杀口感也适中，一股清淡的水果味道充斥口腔，随后慢慢体现出啤酒花的苦涩味道，味道上的转变非常柔和，进程舒缓。能很轻易地发现其中吸引人的地方，非常舒服。咽下之后，有一种意犹未尽的感觉。

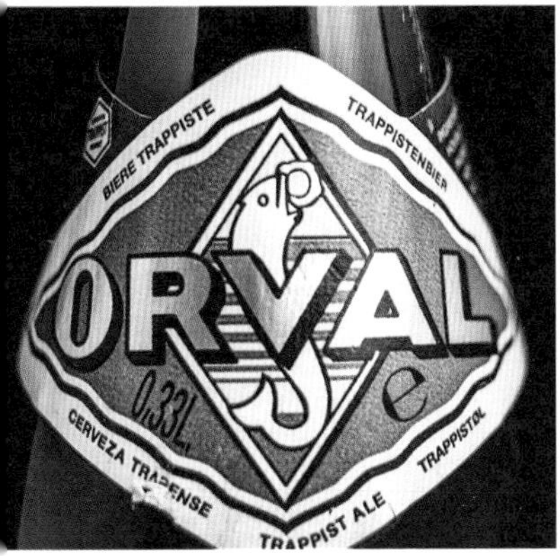

故 事

啤酒大师迈克•杰克森认为它是全世界最特别的啤酒：“独特的麦芽香味足以绕鼻三日，啤酒花和布雷特酵母的添加将芬芳的气味进一步延伸，让人流连忘返。”

奥威修道院有这样一个传说。马蒂尔达伯爵夫人在拜访修道士的途中将结婚戒指意外地落到了泉水里。伯爵夫人许愿说，如果能将戒指归还给她，她就在这里建一座修道院。话音刚落，一条鳟鱼从水中跃起，其嘴上含着戒指。她惊声叫道：“这真是一个金谷！”于是，伯爵夫人兑现了她的承诺，修建了修道院。这座修道院自此也被称作“奥威”（法文中“金谷”的读音），而鳟鱼嘴含戒指的形象自然就成为啤酒厂的标志。

罗斯福 8 号
Rochefort Trappistes 8

基础资料

品　　名：罗斯福 8 号

（Rochefort Trappistes 8）

产　　地：比利时

风格种类：比利时烈性爱尔

（Belgian Strong Ale）

酒 精 度：9.2%

imbeer评价

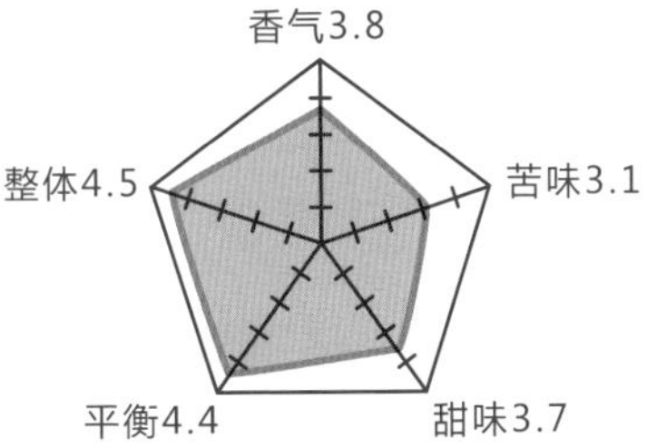

体 验

酒入杯之后，酒精味道并不明显，散发着淡淡的果香。酒体呈深红棕色，气泡比较多而且散去速度适中。

入口后，首先体验到明显的水果香味，掺杂着些许酒精味道，随后才是啤酒花的苦味，咽下后，口腔中依然留有啤酒花的苦味混合水果的味道，酒精味道很淡。

香味之中隐藏着淡淡的苦味，这是一种让人非常舒服的平衡感。浓厚的水果香味并不使人感到甜腻。

故 事

罗斯福酒厂从 1595 年酿造啤酒开始，就一直在坚持酿造三种可以窖藏至少 5 年的修道士啤酒。这三种啤酒都使用了流传下来的同一秘密配方酿造，只是酒精含量和麦汁浓度的不同。

罗斯福 10 号是以强烈的酒性和甜腻的口感而出名的，而罗斯福 6 号则以清苦的口味以及干爽的口感而受到喜爱，罗斯福 8 号则正好介于这两者之间。一部分人热爱罗斯福 10 号的浓烈，另一部分人则喜欢 8 号的平衡。其实没有哪个更好，只有哪个更适合你。

恩格尔哈茨采尔
Stift Engelszell Gregorius

基础资料

品　　名：恩格尔哈茨采尔
（Stift Engelszell Gregorius）
产　　地：奥地利
风格种类：比利时深色烈性爱尔
（Belgian Strong Dark Ale）
酒 精 度：9.7%

imbeer 评价

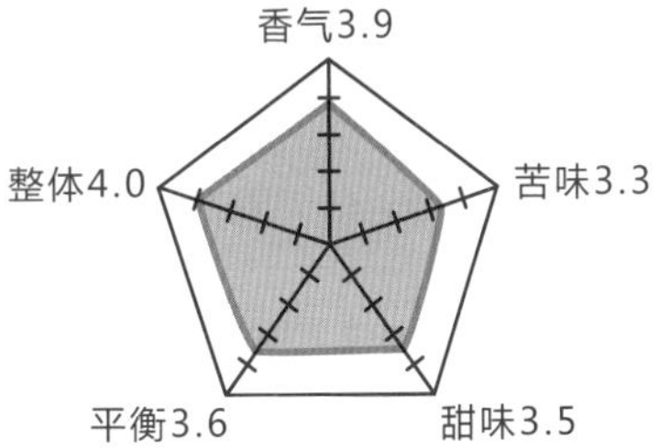

体 验

这款啤酒有着深厚的酒体，褐色的泡沫丰富细腻，闻起来的果香非常接近于葡萄酒，果香之后是烟熏麦芽的味道。

入口酒体略为厚重，杀口感较强。红色浆果般的香甜划过喉咙之后可以明显地感觉到酒精的强度，这种感觉更类似白兰地而不是啤酒。除此之外，之前闻到的烟熏味也体现了出来，味觉上，这种烟熏味不是特别重，非常像炭烧腰果的味道。总体来说，它和其他的比利时修道院啤酒还是有些区别的，烟熏味让它多出了一些个性。

故 事

1293 年，这家修道院就已经在奥地利的北部多瑙河岸边建造而成。修道院最早酿酒的记录可以追溯到 1590 年。

修道院没能在之后的各种战火中幸免于难。二战之后，几经变迁的修道院才得以重建，目前修道士的生活来源大多来自其农产品。

2009 年，他们的奶酪首先获得了修道院认证。2012 年 2 月 7 日开始，修道院重新开始了啤酒的生产，并于同年 5 月获得认证，6 月 1 日，推出了这款啤酒。

津德尔特
Zundert Trappist

基础资料

品　　名：津德尔特
　　　　（Zundert Trappist）
产　　地：荷兰
风格种类：三料啤酒（Tripel）
酒 精 度：8%

imbeer评价

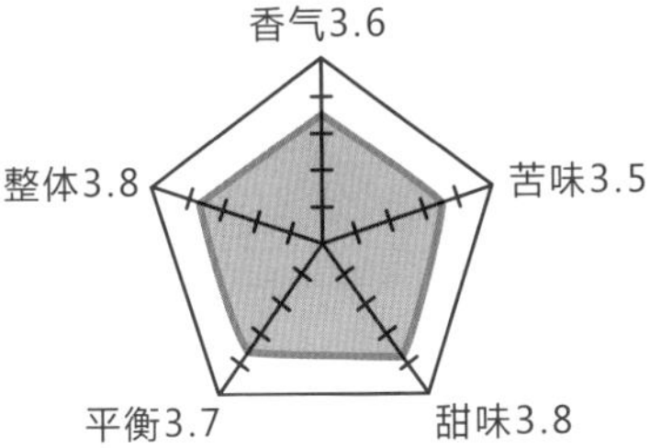

体验

这是一款具有传统的比利时三料风格的啤酒。酒体呈现透明的琥珀色，包沫细腻持久。入口略甜，有着香蕉和李子的香味。之后慢慢有苦味带出，完美地平衡了入口的甜腻。

酒精的味道被隐藏得非常好，入口杀口感适中，酒体略微厚重，偏干。咽下后会感到整个口腔非常干爽。

作为一款向前辈们学习的啤酒，也许它并不会带给你大惊喜，但是作为修道院啤酒中的一块拼图，它却是精酿爱好者们不得不去尝试的一款啤酒。

故事

修道院成立于1900年，坐落在荷兰与比利时的边境小镇津德尔特上，这里是凡·高的故乡。

最初这里只有十二名僧侣，而且生存很困难，甚至一度被迫到其他修道院修行。直到他们开始经营牧场，才逐渐地自给自足。“二战”后，来这里进行冥想的人越来越多，修道院又修建了旅馆并进行了扩建。

2000年，这些建筑已经不再需要，修道院也开始改建，增加了酒厂。2013年12月6日，他们生产了第一款也是唯一一款啤酒，并且获得了修道院啤酒的认证。

荷兰修道院四料
La Trappe Quadrupel

基础资料

品　　名：荷兰修道院四料
　　　　（La Trappe Quadrupel）

产　　地：荷兰

风格种类：四料（Quadrupel/Abt）

酒 精 度：10%

imbeer评价

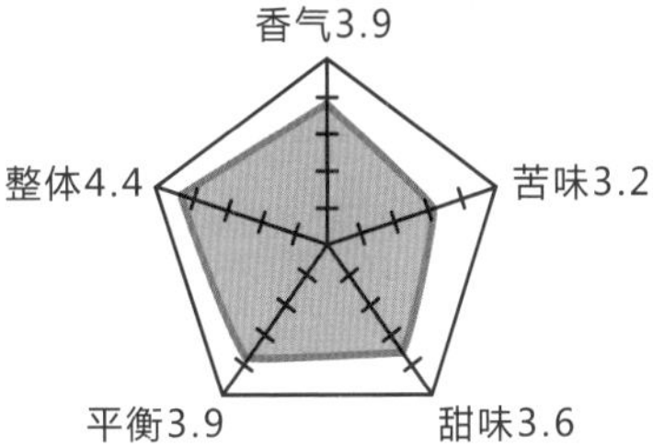

体 验

它适合在 10 摄氏度的温度下饮用。倒入高脚杯后，非常细腻的奶油般的泡沫层会顶在深褐色不透明的酒体上面。泡沫散去速度适中，同时散发出明显的水果香气，在不同的情况下，你能闻到各式各样的味道，例如香蕉、桃子、苹果、李子等 ，同时还有淡淡的酒精味道。

入口后，味蕾会感受到明显的香味冲击，舌头前半部分感受到明显的水果甜味和一些香料味道；后半部分会有淡淡的苦涩和酒精味道；接近喉咙处还有巧克力和烟草的味道，颇有些朗姆酒的感觉。

故 事

荷兰修道院酒厂的商业化略显严重，但这并没有影响酒的品质，至少在这款四料啤酒上体现得十分明显。

最早的时候，它只是酒厂每年的圣诞节啤酒，但随着越来越受欢迎，荷兰修道院四料啤酒逐渐成为经典的修道院啤酒款式。而且作为四料风格啤酒，这瓶酒的品质绝属上乘，甚至可以定义为这家酒厂的代表之作。

荷兰修道院勃克
La Trappe Bockbier

基础资料

品　　名：荷兰修道院勃克
（La Trappe Bockbier）
产　　地：荷兰
风格种类：勃克（Bock）
酒 精 度：7%

imbeer评价

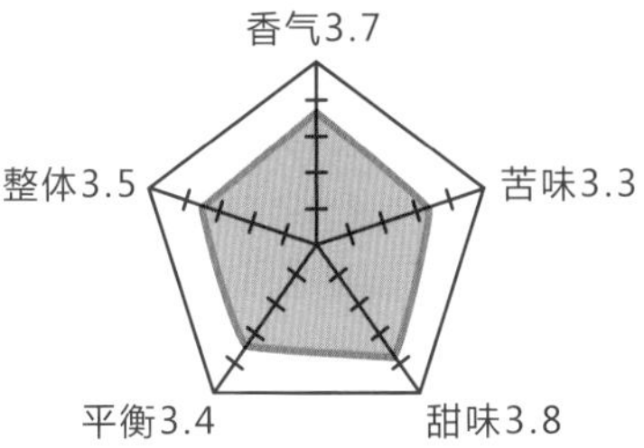

体 验

这款啤酒会在每年的秋季酿制。开瓶之后，有浓密的泡沫涌动。倒入杯中，气味里充斥着浓烈的大麦味道，厚重的酒体与泡沫倒是像极了传统的比利时烈性爱尔。

入口顺滑饱满，大麦和啤酒花的味道会紧随着喷涌出来，继而占据整个口腔，最后变化成淡淡的甜味，体现出酒体本身的厚重感。

故 事

1999 年，他们将修道院里的酿造车间和设备租给巴伐利亚酒厂，新酒厂实行雇佣修道士和设备的方式进行酿造，挂着特拉普的名头却一直在疯狂加大产量。

为了以正视听，保持修道院啤酒纯正不走商业路线的名声，这家荷兰修道院在 1999 年 11 月 1 日被要求取下修道院授权生产的标志。不过他们继续在啤酒上标示着“Trappistenbier”，与修道院认证组织进行博弈。

这期间，也许是受到了巴伐利亚酒厂的影响，他们在 2004 年居然创造了这款奇葩的啤酒，也是修道院啤酒中的唯一一款下发酵啤酒。

正统修道院啤酒

1664年，法国的特拉普修道院放宽了修道士修行时的戒律，允许在斋戒日喝富含高营养成分的啤酒代替食物充饥，但啤酒必须由修道院内的修道士自行手工酿造，因为修道士必须用自身的劳动换取赖以生存的食物。

此后，这项规定传遍了整个欧洲，许许多多的修道院都开始效仿并自酿啤酒。因为这样既保证了修道士清苦修行的决心，也向参与弥撒的客人展示出了他们的殷勤好客。一时间，修道院啤酒的美名传遍了欧洲，各地都出现了富含当时时代特征、不同风味的修道院啤酒。

一直到法国大革命和世界大战爆发，修道院啤酒才日渐衰落，最后几乎濒临灭绝，不同修道院那些不同风格的啤酒配方也几近失传。

于是，现在的世界啤酒流派当中就有了一种堪称神迹的分类——正统修道院啤酒（Trappist Beer）。它并不是一个啤酒的风格分类，而是一个被公认的标准。这个标准是 1997 年由多家恪守修道院啤酒标准的修道院联合创建出来的，目的是为了规范和净化正统修道院啤酒的行列。

这个标准当然也是沿袭了几百年的规范：

1. 修道院啤酒必须是在修道院内酿造的。

2. 必须由修道士全程监控。

3. 修道院酿酒不能以商业为主要目的。除去日常开销之外，剩余收入主要用于各类慈善事业。

正是这种严苛的规范，使这个被法律承认的组织和它们创建的标准才能为全世界贡献出顶级口味的啤酒饮料。

近些年，消费者对优质啤酒的需求越来越强烈，参与酿酒的人越来越多，正统修道院酒厂也慢慢从原有的 7 家扩大为现在的 12 家。 前文出现过的修道院我们不再赘述，下面简单介绍一下其他认证修道院。

比利时 维斯特乐行（Westvleteren）

位于比利时西佛兰德省的维斯特乐行镇，隶属于圣西斯鲁修道院。他们在 1838 年开始酿造三种啤酒，分别被标注为金啤、8 号和 12 号，其中以维斯特乐行 12 号最收欢迎。它在世界主流啤酒媒体和消费者的评选中纷纷获得最高分的评价，可以想象，这会是一瓶多么好喝的啤酒。

不过，维斯特乐行啤酒虽然如此受欢迎，但圣西斯鲁的修道士们却有着自己独特的坚持和理念，他们的啤酒只在比利时当地酒厂门口的酒吧有少量现货出售。除此以外， 消费者只能选择提前在网站向酒厂订购，在酿造完成之后自己上门取货，而且还是限量贩售。

法国 蒙迪凯（Mont des Cats）

蒙迪凯修道院位于法国北部的法兰德斯，这家创立于 1826 年的修道院生产的乳制品世界闻名。1848 年，他们开设了酿酒厂。如同所有的修道院啤酒一样，他们生产的啤酒最初只供僧侣饮用。开放供应后，这些啤酒获得了非常好的销量，最火热的时候他们不得已雇佣 70 个工人帮助酿酒。

1896 年， 酿酒厂进行了现代化的改造，开始生产一款金啤。1918 年 8 月，一次轰炸摧毁了全部的修道院和酒厂。战后，虽然修道院和乳制品工厂得以修复，但是啤酒厂却始终未能重建。2011 年，在智美酒厂的帮助下，他们才得以重新拥有自己的修道院啤酒。

美国 斯宾塞（Spencer）

圣约瑟夫修道院源于 1825 年，一位法国僧侣在北美成立了第一家特拉普修道院。最初，寺院的条件十分的艰苦，修行的僧侣和信徒也非常少。

1858年，比利时的圣西斯鲁派来了八位僧侣，使寺院的状况得以改善。1876年正式晋升为修道院，不幸的是，1892年和1896年的两场大火使修道院被彻底损毁，直到1950年，才在美国罗德岛州的斯宾塞重建。2010年，僧侣们为了维持修道院日益增加的运营成本决定开始酿造啤酒。2012年，生产的啤酒通过认证，隔年推出了欧洲地区以外的第一款修道院啤酒。

意大利 三泉（Tre Fontane）

来自罗马的三泉修道院是最新一个加入修道院啤酒大家族的成员。虽然它们2015年5月才获得认证，但在此之前他们就已经授权和监管过本地的酒厂为其生产修道院风格的啤酒，并在当地有着深厚的群众基础。

不过这家来自天主教圣地的意大利修道院最初不是因为酿酒而闻名，而是来自一百多年前对罗马的城市改造和卫生防疫。

圣伯纳 12 号
St. Bernardus Abt 12

基础资料

品　　名：圣伯纳 12 号
　　　　（St. Bernardus Abt 12）
产　　地：比利时
风格种类：四料（Quadrupel/Abt）
酒 精 度：10%

imbeer评价

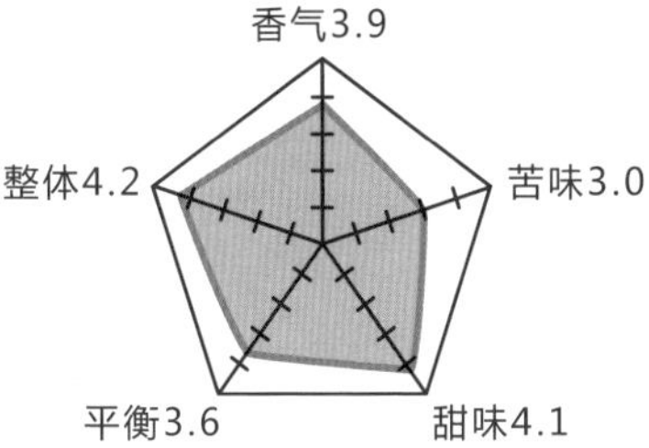

体 验

入杯后能闻到明显的麦香和干果的甜香，气味里面也含有焦糖影子。

入口后非常顺滑，杀口感偏少，易于下咽，口味和闻起来的顺序很相似，具有非常浓郁的焦糖、坚果味道，醇厚柔和的水果香甜味也缓缓出现。下咽后的回味很棒，具有较重的烤面包味道，最后有些许苦味。

虽然酒精度达到两位数，但酒精的味道却藏得很好，不会给人以过多的刺激，平衡感十分完美。

故 事

1959 年，圣伯纳酒厂为了专一生产和经营啤酒，放弃了奶酪制品的市场。1962 年，圣伯纳得到了大名鼎鼎的圣西斯鲁修道院一份为期 30 年的代工合同，为后者生产维斯特乐行啤酒。

圣西斯鲁的产品是每个啤酒爱好者追寻的对象，圣伯纳酒厂负责商业化圣西斯鲁的啤酒，帮助其生产和销售，所得款项的一部分用于圣西斯鲁修道院重建。

由于修道院认证要求啤酒必须在修道院内生产，因此这次商业化合作于 1992 年结束。但是圣伯纳酒厂却用之前圣西斯鲁的配方开发出了自己的新产品——圣伯纳 12 号。这款酒也被称为难求一瓶的圣西斯鲁啤酒最好的替代品。

莱福金
Leff Blonde

基础资料

品　　名：莱福金
　　　　（Leff Blonde）
产　　地：比利时
风格种类：金啤酒（Belgian Blonde Ale）
酒 精 度：6.6%

imbeer评价

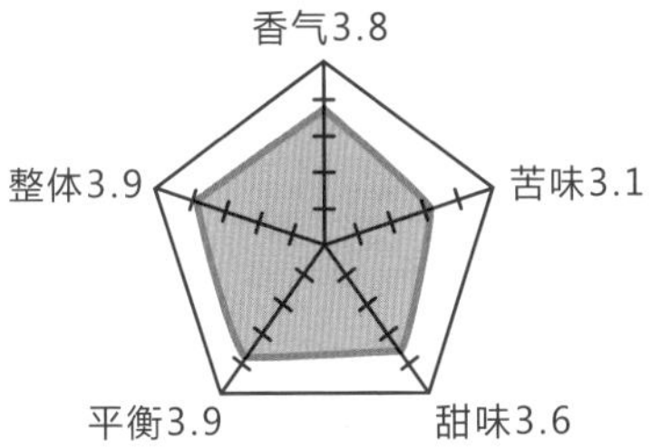

体 验

莱福啤酒入杯之后会呈现非常细腻的白色泡沫层，散发着幽幽的花香。入口首先是一股淡淡的水果味，之后是甜甜的麦芽味道。仔细品味之后，几乎找不到啤酒花的苦味，全都是果香甜味，回味也是如此。

虽然它的酒精度达到了6.6%，但厚实的口感和香甜味道将酒精味很好地压制了下来，实属清爽型啤酒的典范。搭配任何食物，哪怕是纯饮，它都有很好的体验。

故 事

莱福修道院建立于1152年，坐落在比利时南部慕尔省的默兹河畔。像许多欧洲的修道院一样，修士们自行酿制啤酒。1240年，修道院买下了酒厂，并利用他们在修道院附近找到的酿制辅料以及代代相传的技术，发展出了延续到现在的莱福啤酒。

在后来的几百年中，莱福修道院饱受来自自然和战争等各种破坏：洪水、大火、军队驻扎、法国大革命的波及，等等。直到1902年，修道院的修士才得以重新开始酿制啤酒。1952年，莱福啤酒由修道院和一家商业啤酒公司联合出品。这开创了这种经营模式的先河，也开创了修道院风格啤酒（Abbey Beer）的历史。

福佳白
Hoegaarden

基础资料

品　　名：福佳白
（Hoegaarden）
产　　地：比利时
风格种类：比利时小麦白啤（Wit）
酒 精 度：4.9%

*imbeer*评价

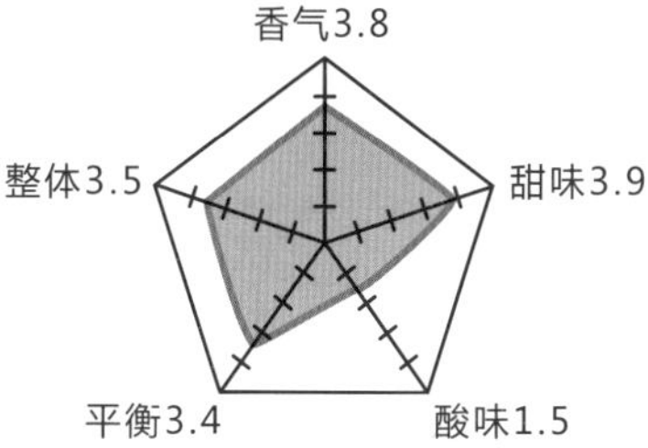

体 验

这款酒呈现标志性的烟雾效果，乳白色的酒体非常漂亮。浓厚的泡沫，伴随着浓郁的花香味道，几乎没有一点啤酒的苦味。

入口之后，首先是甘甜的花香，然后是水果香味。咽下一口之后，留在嘴里的是非常干爽的感觉，花香、果香浓郁，非常美味。福佳白啤酒清爽易上口，而且又独具特色，浓郁的花香味道和干爽的口感是对白啤酒最完美的诠释。

故 事

福佳白啤酒现在已经非常普及，甚至很多烧烤大排档都有。

它诞生于布鲁塞尔市旁边的一个村庄里，这里盛产小麦和甜菜。从有历史记载之时起，这里就是酿酒之乡，福佳白啤酒正是诞生于一群居住在这里的修道士之手。

战争和经济技术的革新使白啤失去了大量市场，最后一家福佳白啤酿酒厂于 20 世纪 50 年代关闭。之后，皮埃尔·塞莱斯以一己之力重新开始酿制福佳白啤酒。虽然他的公司几经易手，但这款酒最终还是风靡了世界。

塞莱斯白
Celis White

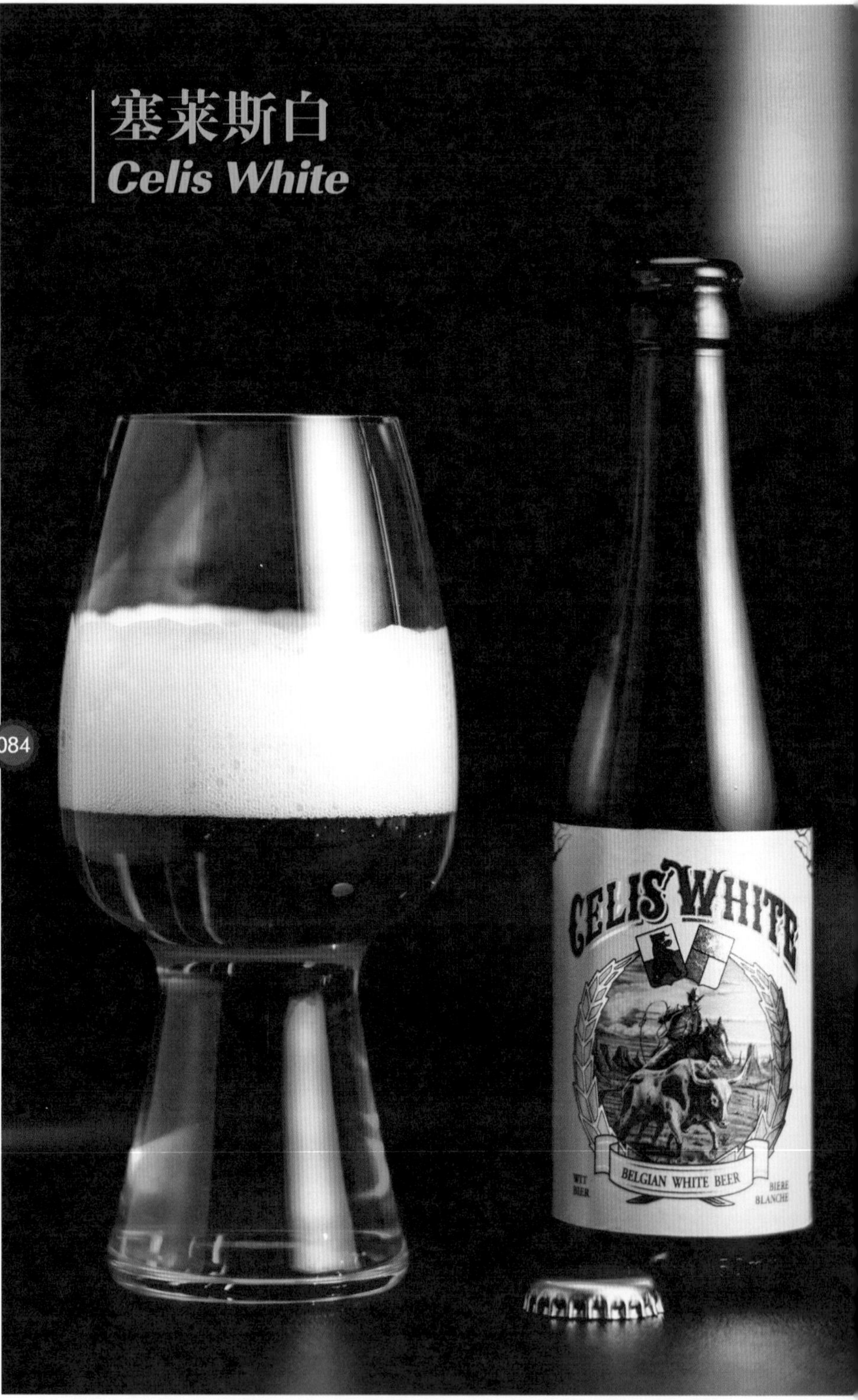

基础资料

品　　名：塞莱斯白（Celis White）

产　　地：比利时

风格种类：比利时小麦白啤（Wit）

酒 精 度：5%

imbeer评价

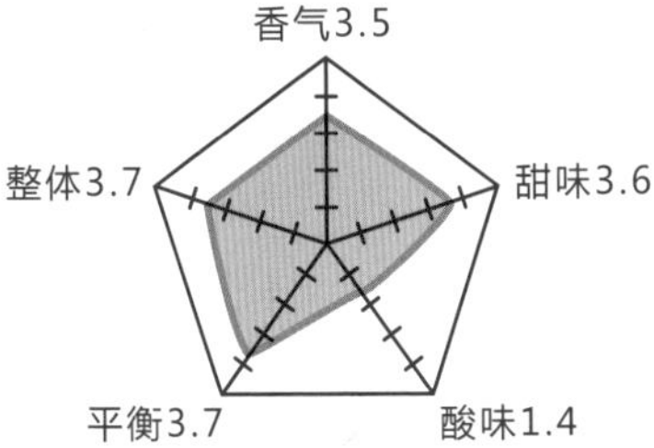

体 验

倒入杯中，无论是酒体还是泡沫，都呈现着比利时小麦白啤的标志性特色。酒体较轻且微微浑浊，白色的泡沫丰富且持续的时间较长，最后会在杯中留下一圈美丽的花边。可以清晰地闻到陈皮、香菜籽等香料带来的水果香气。

入口杀口感适中，酸爽的第一感觉过后，整个口腔之中都是花香和果香的味道，让人迫不及待地去喝第二口。每口过后都会在舌根处留下淡淡的酒花味，不会让酒显得过于清淡。

故 事

前面提到过皮埃尔·塞莱斯以一己之力重新开始酿制福佳白啤酒。但其酒厂在一次火灾后被迫卖给了英博公司。

1991 年，塞莱斯在德州开设了塞莱斯白（Celis White）酒厂，酿造原始的福佳配方啤酒。这也是为什么这款酒会有德州州旗。之后，酒厂又被米勒（Miller）集团收购。

塞莱斯再度回到欧洲，与当地酒厂签约酿酒。但这个酒厂很快又被喜力集团收购。塞莱斯也成为全世界少数与世界三大啤酒集团交手过的酿造师。

之后，他将“Celis White”商标与配方卖给了比利时的一家酒厂，继续在比利时生产塞莱斯白啤酒。而他自己于 2011 年去世。

督威
Duvel

基础资料

品　　名：督威（Duvel）
产　　地：比利时
风格种类：比利时烈性淡爱尔
　　　　　（Belgian Strong Pale Ale）
酒 精 度：8.5%

imbeer评价

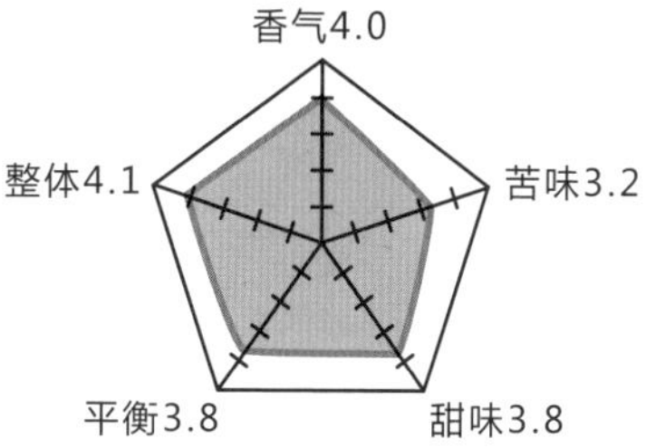

体 验

把督威倒进专用的郁金香型杯，一层非常好看的泡沫顶在酒上面，至少占据了杯的一半大小，这是督威的特点。淡金色的酒体也会让你赞叹不已。

通过这层泡沫散发出来的味道是一股甜甜的麦芽味道，带着淡淡的水果香味。入口之后，嘴里会充满麦芽的甜香和啤酒花的微苦，杀口感十足。在甜、苦、香的交互作用下，你甚至会忘了它8.5%的高酒精度，出色的酒体溢于言表。

故 事

督威酿酒厂成立于1871年1月。“一战”之后，他们生产出的啤酒被定名为督威（Duvel）并广为流传。20世纪50年代，家族第三代经营者按照督威啤酒的特点为它穿上了独特的外衣，并制造了专用啤酒杯。到了20世纪90年代的家族第四代经营者时，一个国际化的督威诞生了。

他们不但吞并了数家欧洲的酒厂，还塑造了多个品牌，走向了全世界扩张的进程。现在的督威，不只是一款比利时烈性淡爱尔啤酒，而是全方位地出品各类比利时经典风格啤酒，成为现在依旧保存家族管理的为数不多的成功酒厂。

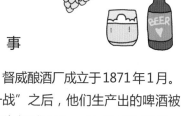

杜邦塞森
Saison Dupont

基础资料

品　　名：杜邦塞森（Saison Dupont）

产　　地：比利时

风格种类：塞森（Saison）

酒 精 度：6.5%

imbeer评价

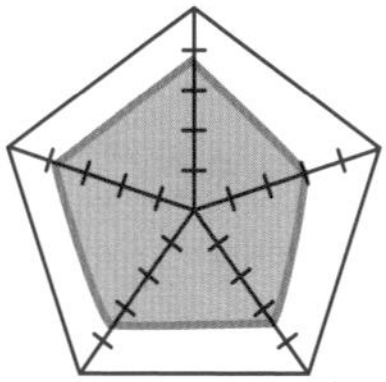

体 验

入杯之后，泡沫非常丰富，漂浮在略显浑浊的黄色酒体之上，酒中气泡反应非常激烈，泡沫层在顶部不易散去。散发出多种水果混合的味道，橙子、柠檬还有些芫荽的味道，整体表现很好。

入口后，酒体浑厚，带有明显的杀口感，同时，果香伴随清淡的啤酒花苦味一同体现出来，相互依存。直到咽下之后，口腔里仍留有少量果香。极少的酒精味随着酸涩的味道蒸发掉，它让人很快就想喝第二口来解渴。整体上看，它是一瓶喝起来绝对过瘾的啤酒，无论是口感、气味，还是味道，都表现出优秀啤酒的素质。

故 事

塞森啤酒一般都在秋天或冬天酿造，直到夏季末才饮用。杜邦塞森啤酒是目前世界上最好、最受欢迎的塞森啤酒，有塞森啤酒明显的果香和被中和到易于接受的苦味。

杜邦啤酒厂是一家成立于 1950 年的比利时啤酒厂，它是在一家成立于 1759 年具有悠久历史的农场基础上改造而成的。这家农场实际上从 1844 年就开始酿造啤酒了。

深粉象
Delirium Nocturnum

基础资料

品　　名：深粉象（Delirium Nocturnum）
昵　　称：失身酒
产　　地：比利时
风格种类：比利时深色烈性爱尔
（Belgian Strong Dark Ale）
酒 精 度：8.5%

imbeer评价

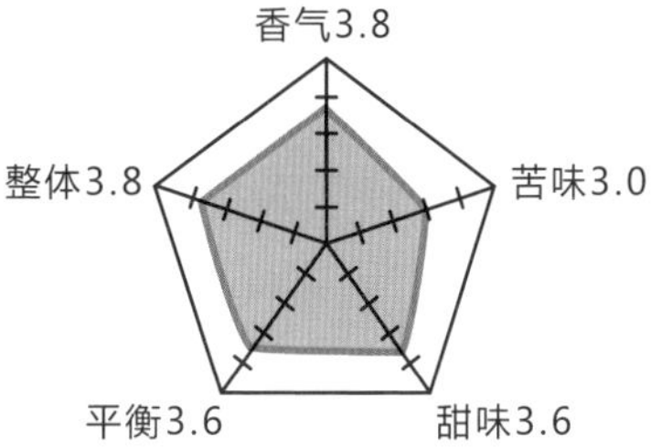

体 验

从酒本身来说，泡沫细腻紧实，散去之后露出暗红色醇厚的酒液，焦糖味道浓郁，闻不到什么麦芽味道和啤酒花的苦味。

喝起来很顺滑，杀口感也很强，入口以后，先是水果的香味，然后是淡淡苦味，最后落在焦糖的甜味上，整体在嘴里有一个味觉的过渡，过程非常自然，很舒服。但这款酒的重点，并不在味道……

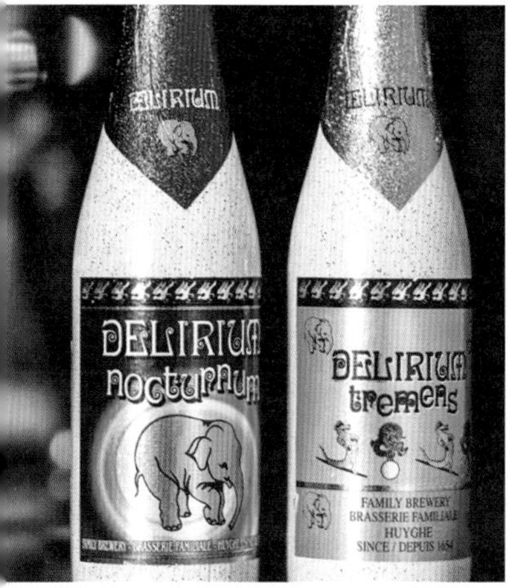

故 事

深粉象名字中的“Delirium”意思为“谵妄”，在字典里的定义为：一种醉酒状态下的急性精神紊乱，通常伴有癫狂、无序讲话和幻觉，常用于形容酗酒者酒精中毒后的状态。粉红色大象正是这个寓意的最完美体现，在喝醉之后看到粉红色大象。

深粉象让人深刻的印象是它非常有气质的包装设计，很容易受到女士青睐。而入口时那股强烈的焦糖混合水果的甜味，比一般的比利时啤酒更加甜腻。这很难让人想到其 8.5% 的酒精度，容易不知不觉就喝多，失去对自己的控制，由此得来“失身酒”的称号。

与之对应的还有一款浅粉象，也是一款将酒精度隐藏得非常好的高度数啤酒。

林德曼樱桃
Lindemans Kriek

基础资料

品　　名：林德曼樱桃
　　　　（Lindemans Kriek）
产　　地：比利时
风格种类：樱桃拉比克（Kriek Lambic）
酒 精 度：3.5%

imbeer 评价

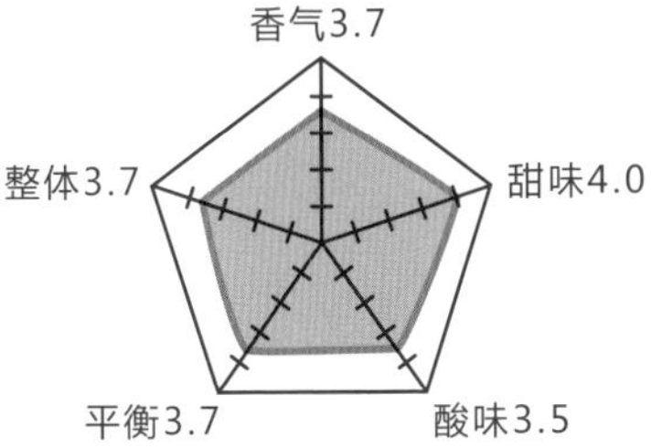

体 验

首先它很好看，深红色类似葡萄酒的酒液，玫瑰色的泡沫，丰富的樱桃香气，甚至有些接近樱桃浓缩糖浆的味道，绝对是大多数人都不排斥的。

而喝到嘴里，它带来的是一种强烈的樱桃酸甜的味道，几乎感觉不到一丝啤酒花的苦味，让人非常容易接受，顺滑、醇厚、口味独特，酒体又很厚重，有很好的体验，几乎找不到任何啤酒的味道。

故 事

林德曼的樱桃啤酒最初是往已经自然发酵了六个月的拉比克啤酒木桶中加入新鲜的本地樱桃，再经过一年左右的发酵才算告成。但这种樱桃酿出的酒比较酸，而且它的产量也少，所以最初的林德曼樱桃啤酒并不起眼。

后来，林德曼基于本地樱桃的味道发明了一种纯天然酿造加工方法。使用从冰冻的樱桃提取的纯樱桃汁，与不同时期的拉比克啤酒混合，于是就有了现在的林德曼樱桃啤酒。

这款酒无比适合女性，从外观到口感到酒精度和味道的设计，几乎让任何人都可以接受。如果为女伴选酒，林德曼一定是首选的几款之一。

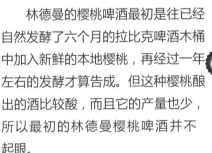

波欧老古兹
Boon Oude Geuze

基础资料

品　　名：波欧老古兹
（Boon Oude Geuze）
产　　地：比利时
风格种类：混酿啤酒（Gueuze ）
酒 精 度：6.5%

imbeer评价

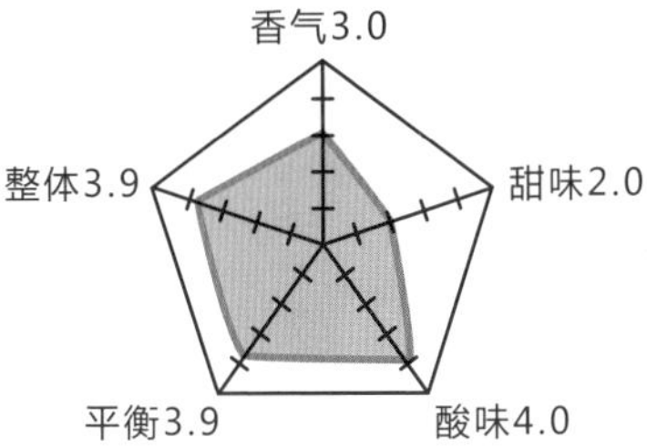

体 验

入杯后，没有出现太多的泡沫，而且消失得很快，散发出微酸的香气，类似起泡酒。

入口后，酸味强烈，带有一些甜甜的味道，但非常微弱。两者结合到一起后又很吸引人，杀口感适中偏强，苦味很少，浓烈的果甜和酸涩的味道刺激着口腔，十分生津，余味很干爽。相比于常见的水果拉比克，这款啤酒体现了比较丰富的果香味道和拉比克啤酒原始的酸味，十分平衡。

故 事

这家酒厂位于比利时拉比克的啤酒的发源地，从 1975 年开始，他们便开始在这里以现代化的设备酿造传统的拉比克和混酿啤酒。

酒厂最早的历史可以追溯到 1680 年。到了 1860 年，酒厂只酿造拉比克和法柔啤酒。1875 年，他们开始瓶装出售啤酒。之后酒厂几经易手，但仍然坚持生产各种传统啤酒。

这款酒也是国内少见的混酿风格啤酒，同时也是非常优秀的一款。

罗登巴赫窖藏
Rodenbach Grand Cru

基础资料

品　　名：罗登巴赫窖藏
（Rodenbach Grand Cru）
产　　地：比利时
风格种类：法兰德斯红爱尔
（Flanders Red Ale）
酒 精 度：6%

imbeer评价

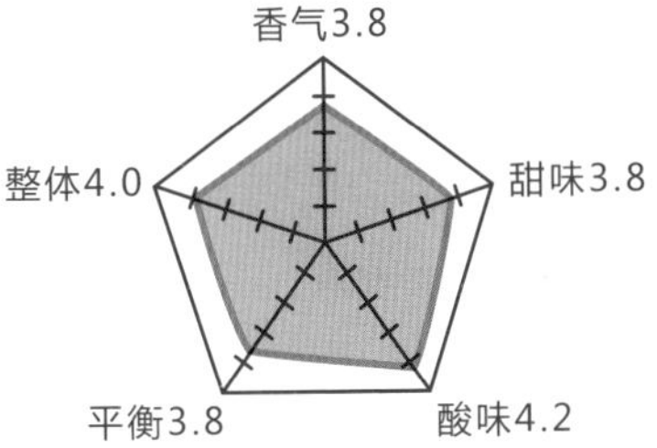

体 验

酒体呈深暗的红褐色，泡沫不多且消散得很快，麦芽的香味夹杂在多种复合的果香之中。

酒体厚度适中，杀口感也较弱，入口的第一时间，满嘴充满了果酸味，但是这种酸味不算过分。酸味之后，舌根处会留下一点淡淡焦化的麦芽味，察觉不到一点啤酒花的苦味。最后，酸涩的感觉会停留在口腔一段时间，整体感觉很微妙。从味道上来说，它可以轻易打破你对啤酒的认识。

故 事

“Grand Cru”并不算一个纯粹的啤酒风格，直译是“特级”的意思，最初是法国具有地域代表性的一种葡萄酒的分级。在比利时，它是啤酒、巧克力的顶级分类，能够酿造这一风格啤酒的厂商并不多。

罗登巴赫酒厂生产的啤酒一直是这类风格的经典代表，他们的窖藏啤酒经过两年的发酵，获得一种复杂而独特的酸味。这种酸味就犹如山西陈醋一般。罗登巴赫窖藏也是第一瓶称为“Grand Cru”的啤酒。

勃艮第女公爵
Duchesse De Bourgogne

基础资料

品　　名：勃艮第女公爵

（Duchesse De Bourgogne）

产　　地：比利时

风格种类：法兰德斯红爱尔

（Flanders Red Ale）

酒 精 度：6.2%

imbeer 评价

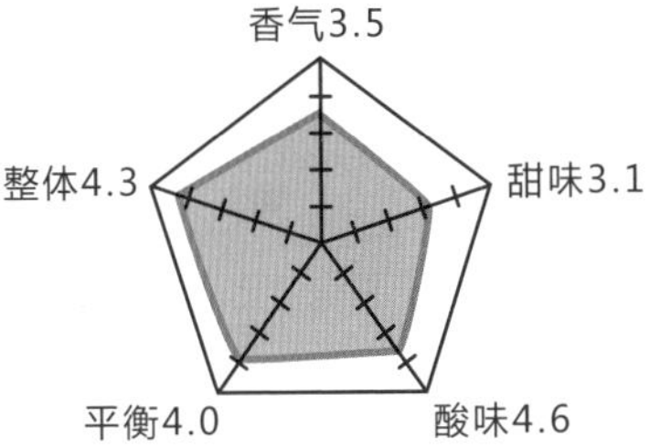

体 验

这是一瓶很容易让人喝醉的啤酒，极度酸甜的口味更容易获得女士的青睐。酒在杯中散发着极强的酸味，类似白醋掺杂樱桃甜的味道，没有什么啤酒花的苦味和麦芽的味道，这让人不禁想起葡萄酒。

入口一刹那的酸味过去之后，会有樱桃的甜味或者是贴近葡萄的味道，最后会有一些极淡的麦芽、酒精的味道，几乎难以察觉，但却很好地支撑着酒体本身。

故 事

在“二战”之后，韦哈格（Verhaeghe）啤酒厂发展迅速，酒厂创始人的妹妹酿制出来了这款勃艮第女公爵啤酒。1951 年，这款红棕色的法兰德斯爱尔啤酒在卢森堡国际啤酒大赛上获得了一等奖；1958 年，在根特国际啤酒大赛上再次获此殊荣。 1968 年，为了鼓励年轻人不断探索、创新、进步，Verhaeghe 啤酒厂特意选取了“勃艮第公爵夫人”的事迹为其命名，并且开始向全世界销售。直到现在，它都被看作是世界上最畅销的小酒厂产品。

其酸爽的味道让人又爱又恨。爱的人几乎想起它就口中生津，迫不及待地想喝上一瓶；恨它的人，却怎么也不想再碰一下。这就是酸啤酒独特的魅力吧。

皮特鲁斯棕爱
Petrus Oud Bruin

基础资料

品　　名：皮特鲁斯棕爱（Petrus Oud Bruin）

产　　地：比利时

风格种类：法兰德斯棕爱尔（Flanders Oud Bruin）

酒 精 度：5.5%

*imbeer*评价

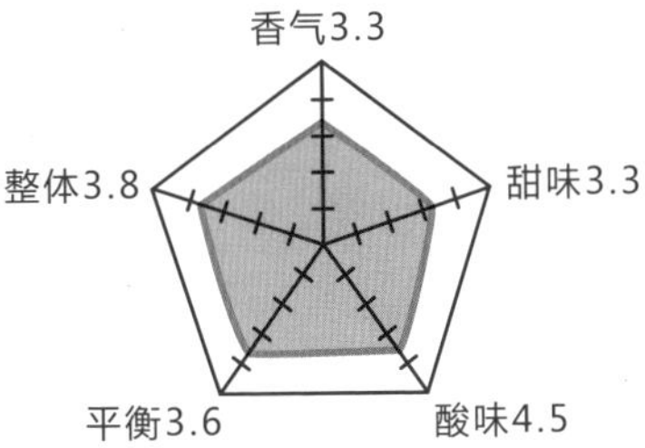

体 验

古铜色的酒体上面，有着不到一指宽的泡沫，整杯酒散发相同的红色浆果的味道，酸味在这个时候还不是特别的突出，也没有什么啤酒花和麦芽的味道。

入口的一刹那，口腔中满满都是白醋的味道，咽下之后过了一会儿才有接近于葡萄的味道的回甘，没有任何的苦味，麦芽的甜味也非常淡。这种酸涩的味道让喜欢的人欲罢不能，不喜欢的人拒之千里。

故 事

这款酒来自于比利时法兰德斯地区。酒在橡木桶中熟化了 18 个月，装瓶时未经新酒稀释，有着高纯度酸涩口感。当啤酒大师迈克 • 杰克森第一次喝到这款啤酒时，就表示这么好喝的啤酒一定要出口到全世界。

这款酒多次在世界级比赛中获奖。比如，它使酒厂获得了“2011 年度欧洲最佳酒厂啤酒”称号，自己也获“2012 年欧洲最佳法兰德斯棕爱尔啤酒”的称号。

鸵鸟银河帝王
De Struise Brouwers Imperialist

基础资料

品　　名：鸵鸟银河帝王（De Struise Brouwers Imperialist）
产　　地：比利时
风格种类：帝国皮尔森（Imperial Pilsner）
酒 精 度：8.5%

imbeer评价

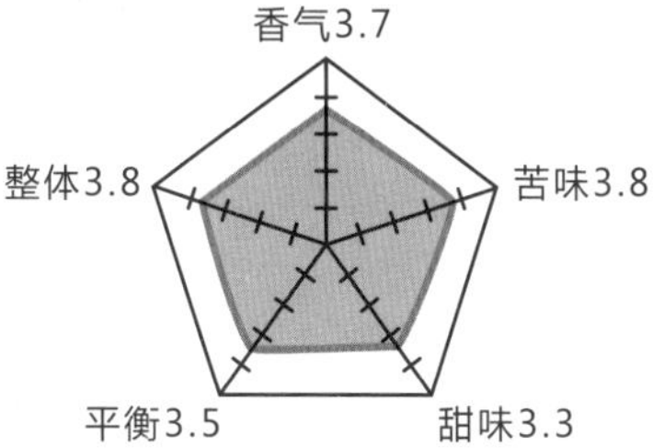

体 验

这款银河帝王啤酒是鸵鸟酒厂与澳大利亚酒厂的合酿款。虽然风格叫帝国皮尔森，但却采用了澳大利亚的银河啤酒花，而并没有采用传统的捷克或者德国啤酒花，因此闻起来充满了彩色胡椒等香料的味道。

酒体呈黄色，浑浊，泡沫丰富。入口也与传统皮尔森差别很大，它的表现更甜。不久之后，苦味会占据口腔。

故 事

鸵鸟酒厂是一家很奇葩的公司。它于 2001 年诞生在比利时，2008 年获得了的“全球年度最佳酒厂”的称号。除了传统的比利时风格啤酒外，它也生产很多新世界风格的啤酒和一些年份酒，引领潮流。

这款银河帝王帝国皮尔森的原料分别来自三个国家，啤酒花来自于澳大利亚，酵母和麦芽来自德国，水来自比利时。

帝国皮尔森也是个很奇怪的风格。你可以理解为它是传统皮尔森的加强版。 但从这款酒的表现来看，更像是一种全新的烈性拉格。

来自德国的啤酒

不可否认，啤酒不是德国人发明的（这项荣誉属于中东地区的苏美尔人），但到目前为止却没有哪一个文明能在啤酒传统和酿造技术的作为上超越德国。三千年的习惯、不断完善的法律法规、精益求精的技术追求、使用啤酒花、坚持下发酵工艺、发现酵母、工业化过渡，哪一个不是德国人通过啤酒给世界做出的贡献？所以我们可以坚定地说：“无论在新世界还是旧世界啤酒面前，德国啤酒都配得上是世界上最好的啤酒的称号。”

当我们说到葡萄酒、香槟或者白兰地的时候，我们自然想到了法国；当品尝雪莉或马拉加时，我们第一反应是西班牙；从伏特加联想到俄罗斯；而龙舌兰代表着墨西哥；那么说到啤酒，我想绝大部分人想到的都会是德国，这不单单指中国人，你要知道，在新世纪到来之前，德国啤酒已经主宰这个世界长达百年。

德国人至少在 3000 年前就已经开始酿造啤酒了。大约在公元 8 世纪，这里的啤酒都是在家里酿造的。11 世纪的德国南部出现了由修道士酿酒的风俗，然后逐渐转向由北部的领主组织人员酿造和销售。在德国，啤酒总是与宗教和政治紧紧相连，谁掌握大权，啤酒就在谁的手里。

与现在下发酵为主的德国啤酒不同，早期的德国啤酒全部都是上发酵的爱尔啤酒。直到 16 世纪，德国人的下发酵拉格啤酒才开始崛起。

啤酒《纯净法》的诞生为后世的德国人铺平了道路。经过之后 300 年的发展，拉格逐渐在当地成为主流。

19 世纪中期，拉格啤酒的故事在捷克发生改变，制麦技术的进步，使酒厂能够使用色泽更浅的麦芽。玻璃杯也开始逐渐地取代锡制酒杯，成为酒杯的首选。啤酒的外观越来受到重视，因此能酿出纯净外观的下发酵酿酒法开始在整个欧洲大陆流行。德国啤酒也凭借这股风潮扬名天下。 德国啤酒对后世影响颇深，捷克的皮尔森啤酒也对这次浪潮起到了推波助澜的作用，本节中也会一并介绍。以下是一些代表风格的介绍。

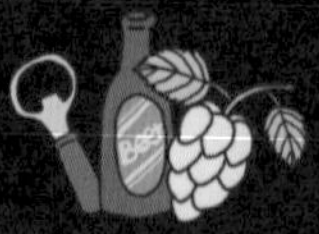

● 慕尼黑清亮拉格（Helles）

“Hell”是德国人用来形容“轻”的单词，就像英语单词里面“Light”的意思一样，用在啤酒中则是形容它金黄色清亮的酒体。它是巴伐利亚啤酒的代表，也是典型的德国现代风格的啤酒。Helles 起源于慕尼黑，最早叫“Munich Hellesis”，在英语地区也比较畅销，被称为“Munich Original Lager”，在流行之后才被命名为 Hells。

● 勃克与烈性勃克（Bock & Dopple Bock）

勃克类啤酒是德国传统的烈性啤酒，带有着非常明显的德国血统特征，味道浓郁、稍甜、颜色较深、具有较高酒精度，是在国际上最欢迎的德国啤酒风格之一。而烈性勃克是勃克啤酒的增强版本，你可以把它理解成为双倍勃克的强度。它喝起来的各项感觉比勃克啤酒更加丰富。首先在颜色上就有从深黄色到黑褐色的多个版本，感觉会有不同；第二，它的泡沫持久漂亮，而且会带出一股巧克力甚至果香味；第三，喝起来会感受到大量酒精味道，以及浓郁的麦芽味、焦糖味和刚刚好的啤酒花味道，酒体更为浑厚。

● 小麦啤酒（Weizenbier）

“Weizenbier”和“Weissbier”是小麦啤酒的标准德语名称——“Weizen”是德语“小麦”的意思，而“weiss”在德语里的意思是“白”。“Hefe”在德语中是酵母的意思。酵母小麦（Hefeweizen）是德式小麦中最受欢迎的种类。

● 施瓦兹（Schwarzbier）

“Schwarz”在德语中意为“黑色”。由于使用烘烤大麦，因此施瓦兹啤酒呈深棕色到黑色，口感充满烘焙麦芽和巧克力的味道。

● 皮尔森（Pilsener）

皮尔森啤酒源自捷克皮尔森市。1842 年 10 月 5 日，第一桶皮尔森啤酒面世。新式麦芽带来的迷人金黄色泽，皮尔森市引以为傲的超软水源，以及上等啤酒花和当时最先进的巴伐利亚拉格啤酒发酵法，这些因素通通添加到一起，使得皮尔森啤酒一经面世就引起了轰动！那时正逢铁路刚刚问世不久，随着交通方式的进步，很快皮尔森啤酒和皮尔森酿造法便在整个中欧普及开来。

● 柏林酸味小麦（Berliner Weissbier）

被拿破仑称为“北方的香槟”的柏林酸味小麦，它的独到之处是用轻微的乳酸发酵，口味偏酸。这种啤酒的生产可以追溯到 16 世纪，在 19 世纪的时候达到顶峰，仅柏林地区就有超过 700 家酿酒厂在生产。德国人喜欢用覆盖子糖浆或者香草糖浆来抵消酸味，新世界的酒厂还会在这种风格中加入果汁。

艾英格小麦
Ayinger Bräu Weisse

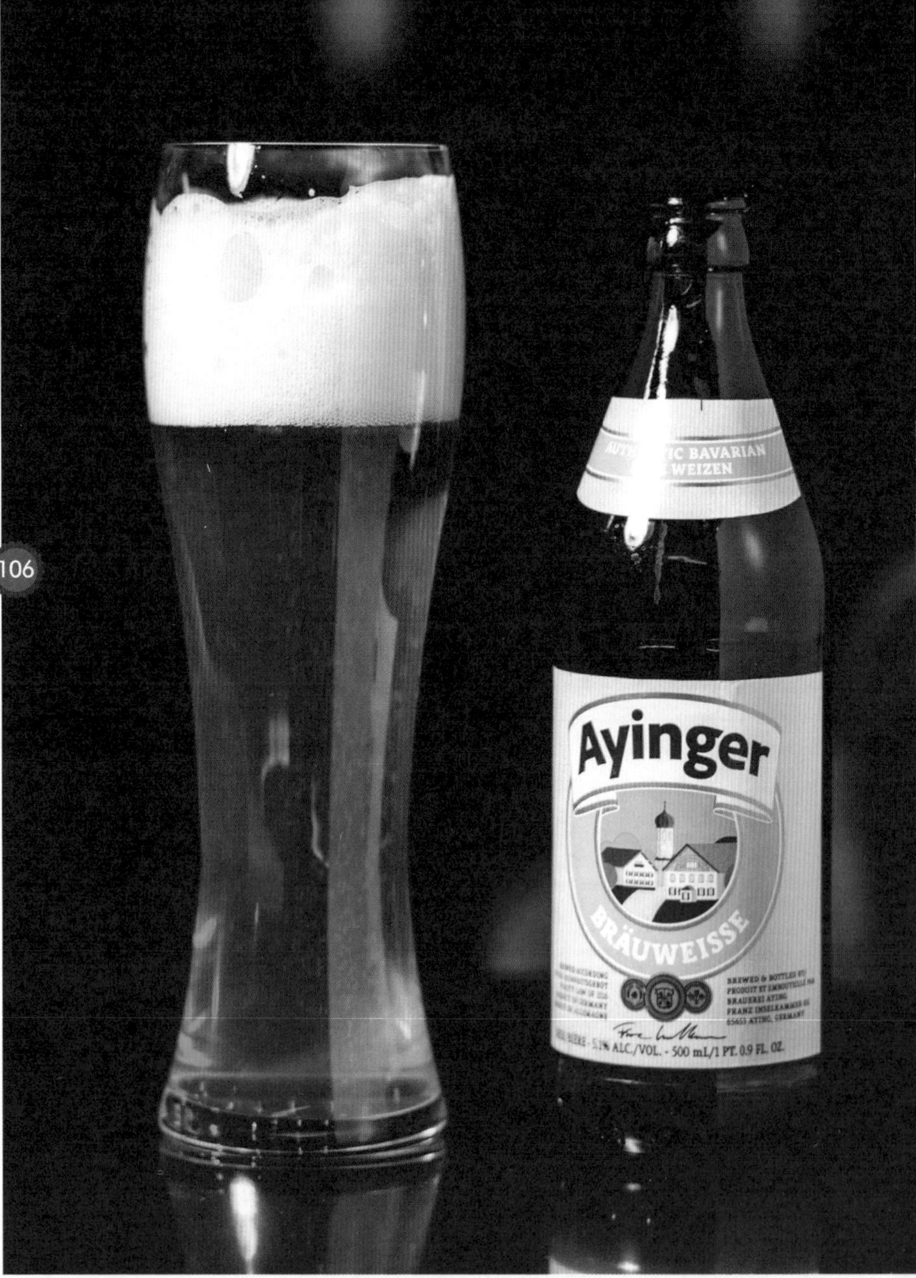

基础资料

品　　名：艾英格小麦
（Ayinger Bräu Weisse）
产　　地：德国
风格种类：酵母小麦（Hefeweizen）
酒 精 度：5.1%

imbeer评价

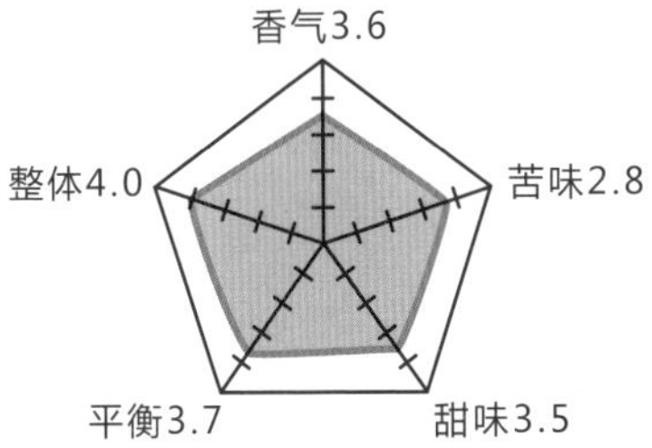

体 验

艾英格是经典的德式小麦啤酒。未经过滤的酵母使酒体微微浑浊，泡沫细腻持久。闻起来有着由德式小麦酵母发酵而来的香蕉和柠檬的味道。

入口后，你会尝到一些香蕉和丁香的味道，这是酵母小麦啤酒的典型特点。回味温和，杀口感适中。总体可以称得上德式酵母小麦的代表作之一。

故 事

酵母小麦啤酒，就是通常人们口中的德国白啤。云雾状的酵母漂浮在酒体之中，大量的小麦运用也降低了酒的平均色度，使得这类啤酒展现出一种苍白感。

这类酒的典型香气和味道都是由传统的德式酵母发酵而来的。这类酵母发酵时通常会产生丁香的香气，如果发酵温度偏高，则会产生香蕉的味道。这款艾英格小麦啤酒，完美地呈现了这种啤酒的典型特征。

唯森深色小麦
Weihenstephaner Hefeweissbier Dunkel

基础资料

品　　名：唯森深色小麦（Weihenstephaner Hefeweissbier Dunkel）
产　　地：德国
风格种类：邓克小麦（Dunkelweizen）
酒 精 度：5.3%

imbeer评价

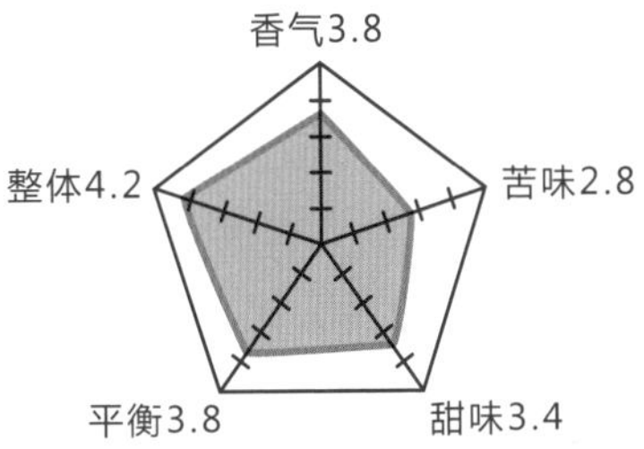

体 验

入杯后，这款酒有非常细腻且浑厚的白色泡沫层，散去极慢。下面的酒液呈现深琥珀色，浑浊，带有苍白感，明显带有小麦啤酒的特征。酒在杯中散发出比较强烈的水果混合酵母的甜味，还有很淡的烤麦芽味道。

入口后，酒体浑厚，杀口感适中，味道上呈现大量水果甜味，香蕉、苹果、蜂蜜等一系列淡淡的甜味，烤麦芽的味道极淡，但又贯穿在整个味觉之中，起到了很好的辅助作用。

故 事

唯森啤酒厂是世界上最古老、持续生产时间最长的啤酒厂。从 1040 年至今已经持续了将近 1000 年。1852 年，巴伐利亚酿酒学院搬到了唯森，自此唯森成为酿酒专业学校，1930 年还被并入慕尼黑大学，直到现在还在向全世界输出着啤酒酿造人才。

现在的唯森啤酒厂使用的徽标是当初巴伐利亚王国的国徽，这说明了唯森在当时啤酒界所占的绝对领导地位。

猛士黑
Monchshof Schwarzbier

基础资料

品　　名：猛士黑
　　　　（Monchshof Schwarzbier）
产　　地：德国
风格种类：施瓦兹（Schwarzbier）
酒 精 度：4.9%

imbeer 评价

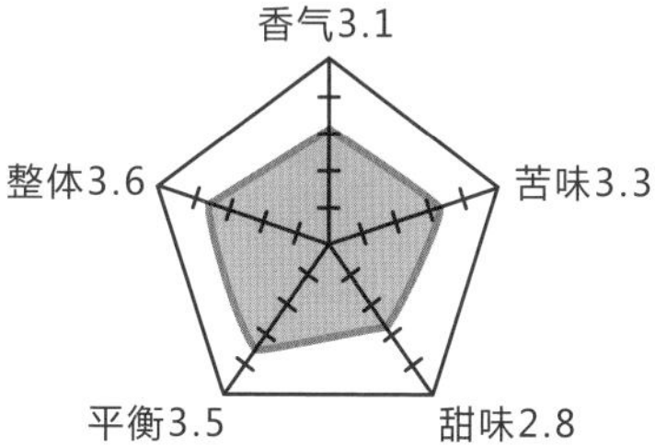

体 验

猛士黑啤的酒体呈深棕色，泡沫丰富，可以轻松地倒出一个漂亮的泡沫层。泡沫里有种淡淡的丁香味，还伴有烤麦芽、焦糖、可可粉的香气。

入口有点陈皮的微苦，有些鲜榨果汁及太妃糖的味道，口感爽滑，杀口感并不十分强烈。烘烤麦芽的焦味持续在口腔里扩散，并逐步转变为烟熏味和巧克力味，最后，德国啤酒花独特的味道才体现出来。

故 事

猛士酒厂位于德国巴伐利亚州酿酒名城克鲁姆巴赫市。该城市以悠久的酿造啤酒历史而享誉全德。从当地出土的古代陶罐可以证明，早在 3000 多年前，当地人民就已经掌握了早期的酿造啤酒的技术。1846 年，猛士酒厂的前身就已经出现，公司经过百年的发展，继承并发扬了德国南部传统酿造黑啤酒的独特工艺，酿造的黑啤酒畅销全德国并远销到整个欧洲、北美和亚洲，总共 100 多个国家和地区。

到现在，它已经成为慕尼黑仅存的五家最具啤酒酿制历史纪念意义的啤酒作坊之一。

艾英格双羚羊勃克
Ayinger Celebrator Doppelbock

基础资料

品　　名：艾英格双羚羊勃克（Ayinger Celebrator Doppelbock）
产　　地：德国
风格种类：烈性勃克（Dopple Bock）
酒 精 度：7.2%

imbeer 评价

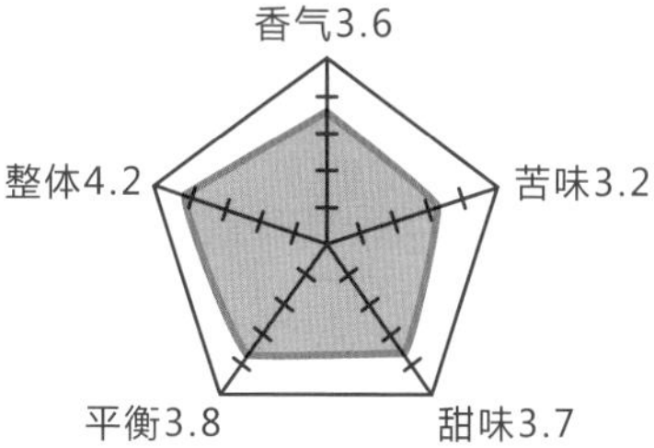

体 验

酒体颜色黑且深邃，由于采用了高质量的欧陆麦芽和深色麦芽，因此气味上呈现浓郁且复杂的麦芽香气，同时伴有焦香和太妃糖的味道。

入口有一些焦糖的甜味，中段焦糖的味道逐渐消失，出现巧克力和棕糖的味道，后段苦味会返上来，用于平衡前段的甜。

总体口感十分顺滑，杀口感适中，不刺激不甜腻，不愧为这一风格的代表之作。

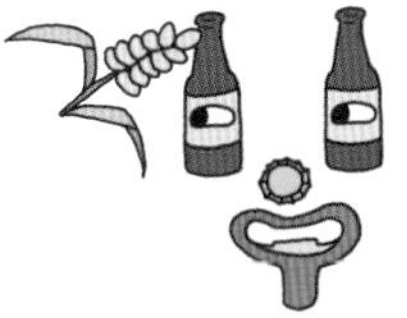

故 事

艾英格酒厂一直是德国最受欢迎的几家酒厂之一，这款烈性勃克更是优中之优。

艾英格是慕尼黑以南几千米的一个小镇，这里唯一的艾英格酒厂始建于 1385 年。它最早是当地的农场附属的酒店，一直以酿造传统的巴伐利亚啤酒为主。直到 1820 年，它才开始现代啤酒的生产，并在百年的发展之后进入世界范围流通，逐渐成为德国啤酒标志性的品牌。

勃克啤酒和山羊有着千丝万缕的联系，而这款啤酒更是在每瓶酒上都挂了一个山羊挂坠，非常有趣。

柏龙纯正慕尼黑啤酒
Paulaner Münchner Hell

基础资料

品　　名：柏龙纯正慕尼黑啤酒
（Paulaner Münchner Hell）
产　　地：德国
风格种类：慕尼黑清亮拉格（Helles）
酒 精 度：4.9%

imbeer评价

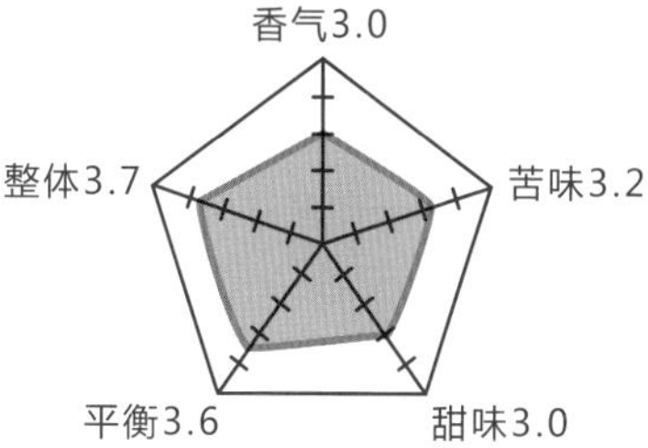

体验

倒入杯中，它会出现大量泡沫，且泡沫消失速度较快。酒体呈现比较透明的金黄色。闻起来有淡淡的麦芽香甜的味道。

喝起来，也以麦芽味道为主，但并不重。苦味只在最后才体现出来一些。回味以麦芽的香味为主。酒体比较顺滑，杀口感适中，滑进喉咙的一刹那感觉很出色，会让人想再来一口。

故事

慕尼黑清亮拉格的出现一开始是为了与淡色皮尔森啤酒进行市场竞争，首创于慕尼黑的斯贝克啤酒厂。理论上，它的苦味比皮尔森淡一些，麦芽味也突出一些。

“Paulaner”的译法有很多，比如宝莱纳、柏龙、普拉那，等等。对，就是普拉那啤酒坊那个。

这款纯正慕尼黑啤酒是非常具有代表性的慕尼黑清亮拉格，口感纯净，强调麦香。

捷克百德福
Original Czech Premium Lager

基础资料

品　　名：捷克百德福（Original Czech Premium Lager）
产　　地：捷克
风格种类：皮尔森（Pilsener）
酒 精 度：5%

imbeer评价

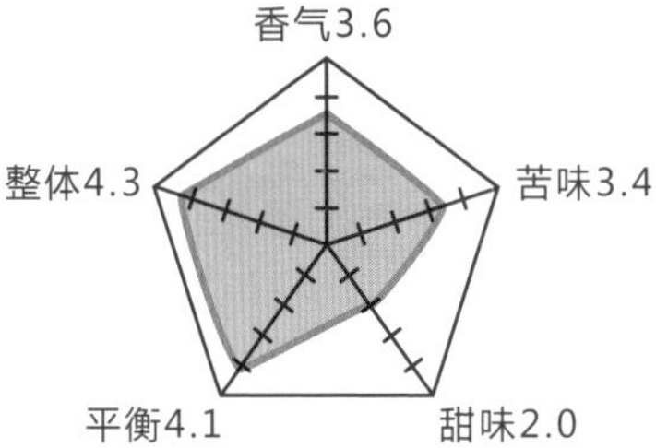

体 验

倒入杯中，酒液呈金黄色的色调，泡沫较为丰富，散发着捷克萨斯啤酒花辛辣的味道与麦芽的香气。

入口平滑柔和，口味清淡、干爽，回味淡淡苦涩，这些都是捷克皮尔森啤酒最典型的特点，这款酒都能完美的呈现出来。

作为捷克皮尔森的代表作，这款酒是你不容错过的选择。

故 事

你第一眼一定觉得它的标识很像百威啤酒，不错，这是一瓶正宗的“百威”啤酒，它来自于捷克百威（Budweis）小镇。

19 世纪，波西米亚啤酒股份公司成立。“二战”后，捷克政府将公司收归国有。此后，公司一直经营良好，是捷克政府稳定的财源之一。但是由于冷战以及随之形成的贸易壁垒，向西方的出口几乎停滞。随着经济转轨和市场开放，这款酒又重新活跃于欧洲的啤酒市场。

不过真正被人所关注的，是它与美国百威长达百年的恩怨。

“百威”啤酒的百年恩怨

在捷克的百得福啤酒浮浮沉沉这些年里，远隔万里之遥的美国，也诞生了一家同名酒厂。

1857 年，在美国的圣路易斯市本来经营肥皂厂的德国后裔埃伯哈尔德·安海斯接手了当地破产倒闭的“巴伐利亚啤酒厂”。他和女婿阿道夫·布希共同成立了安海斯·布希公司。为了借用著名啤酒产地百威小镇 (Budweis) 的名气吸引德裔美国顾客，另一方面也为了和捷克的“百威”啤酒竞争，该公司将自己出产的啤酒也定名为“百威 (Budweiser)”。由于相隔遥远以及当时缺乏商标权保护法的规范，与捷克“百威”重名的美国百威啤酒就这样堂而皇之地问世了。

此后 100 多年的时间里，安海斯·布希公司在美国和国际市场获得了巨大成功。今天，它已成为全球最大的啤酒生产商之一 ——百威英博。

美国人虽然后来居上，但论资历捷克人始终算是老大哥。作为小弟弟的美国百威有了些名气后，哥俩儿就为“Budweiser”商标权打起了官司。

美国方面认为美国百威源自于从欧洲来到美国的德国移民，在 1876 年就开始生产并使用该商标。而捷克方面则坚持他们才是“Budweiser”的正宗，并强调早在 1872 年他们的啤酒就已经远销到美国市场。自此，两家公司展开百年的商标争夺。

双方在 1911 年达成第一次和解，美国人终于获得了在本

土市场使用“Budweiser”商标的权利。作为交换，两家公司于1913年签订了双方之间的第一个正式协议，协议规定美国人不得用“Budweiser”的商标在欧洲市场销售其产品。在世界其他市场，则允许对方的存在。

1939年，美国人取得了重大胜利。捷克人不得不完全放弃了在美国使用“Budweiser”“Budweis”以及“Bud”等一系列商标的权利，捷克“百威”最终在美国市场销声匿迹。

1991年到1996年间，美国人与捷克老大哥进行了多次商谈，希望收购老大哥34%的股份成为该公司的战略伙伴。但当时的捷克政府认为美国人参股仅仅只是对“Budweiser”这个商标感兴趣，于是拒绝了美方的要求。

近几年，两兄弟的商标官司不但断断续续地打遍了整个欧洲，而且还蔓延到世界其他地区。从结果上看，双方各有胜负。

在中国，由于美国百威的进入得较早，因此捷克百威的中文名称不得不叫百德福，而且英文的标识也由“Budweiser”改为“Budejovcky”。

来自美国等新世界的啤酒

最初，我们把传统的啤酒文化输出大国，比如英国、德国、比利时、荷兰、法国等地，使用欧洲大陆优质的原材料，按照几千年流传下来的酿造方法所酿造出来的传统风格啤酒，称作旧世界啤酒。

而那些不具备传统啤酒文化的，诸如美国、加拿大、新西兰、日本等曾经的殖民地国家，在旧世界啤酒基础上使用了具有本地化特点的原材料，以及逐渐创新的酿造理念，所酿造出来的啤酒，我们称之为新世界啤酒。

到现在，只要是使用了创新的理念和原材料酿造的创新风格啤酒我们都称之为新世界啤酒，即使它来自于古老的啤酒文化国度。所以，你会看到欧洲很多旧世界啤酒的国家既酿造旧世界啤酒，也涌现出大量新世界啤酒厂。

● 美国的酒厂既有国际巨头，也有精酿酒厂和小型自酿酒吧。啤酒早在殖民时期就在美国出现，但 20 世纪初的禁酒令几乎使美国所有的啤酒厂都关门大吉。禁酒令废除后，大型啤酒厂继续主导行业，不过新兴的小型啤酒厂也迅速地崛起，它们用 30 年的时间奠定了新世界啤酒的基调。

它们从模仿英式爱尔开始，用不同的酵母、啤酒花创出了自己的一片天地，以独特的啤酒花风情让无数的追随者魂牵梦绕。它点燃了酒客的热情，激发他们的渴望，与此同时，开拓了啤酒的新世界时代。

旧世界代表着经典和曾经，是老一代消费者忘却不了的最爱；而新世界则代表着活力和未来，是新一代成长起来的消费者所追求的极致，也会是未来啤酒的主要发展方向。

之后，越来越多来自欧洲的经典啤酒风格被复制，被创新，最后重新带动起全世界新一轮的流行。一方面，这得益于美国自由、创新、独立的社会风气；另一方面，得益于美国本土出产的啤酒花非常有特点，这使得富含浓郁香气的热带水果气息走入啤酒之中，给人以无穷无尽的享受。

在地球的另一头，大洋洲的新西兰，凭借自产啤酒花的出色表现迅猛地崛起，甚至有超过美国之势。

● 新西兰的啤酒花有着比其他任何地区啤酒花都更丰富的热带水果香味，以及隐藏在这些诱人的香甜味道之下，过渡顺滑自然、让人欲罢不能的苦味，几乎可以被称为酿造啤酒的“神器”。它们已经成为新世界啤酒厂竞相追捧的创造新风格啤酒的源泉。很多酒厂都以使用新西兰啤酒花为卖点，它们有专门为新西兰啤酒花设计的款式，甚至特别版本或限量的好酒。每当你看到“New Zealand Hops”的字样，你都可以顺理成章地想到：它一定充满了其他啤酒无法找到的味道。

● 斯堪的纳维亚半岛的酿造者们则为资金不足的小型酒厂们开辟了新的发展方式。它们利用多家大规模酒厂过剩的设备来为自己酿造。这种啤酒酿造的方式十分类似于居无定所的吉普赛人，所以他们也被称为“吉普赛酒厂（Gypsy Brewer）”。

作为吉普赛酒厂的的代表，这种形式一直到现在还都是美奇乐酒厂（Mikkeller）的主要生产模式，这不但不影响它们的水准，它们反而通过和顶级酒厂合作创造出了很多高水准的传世佳作。这一成功模式也带来了很多效仿者纷纷走上“吉普赛之路”。

新世界酒厂的故事还有很多，并在不停地书写着。我们无法为它们下准确的定义，对它们来说，啤酒中唯一不变的就是变化。

铁锚蒸汽啤酒
Anchor Steam Beer

基础资料

品　　名：铁锚蒸汽啤酒
（Anchor Steam Beer）
产　　地：美国
风格种类：蒸汽拉格（Steam Lager）
酒 精 度：4.9%

*imbeer*评价

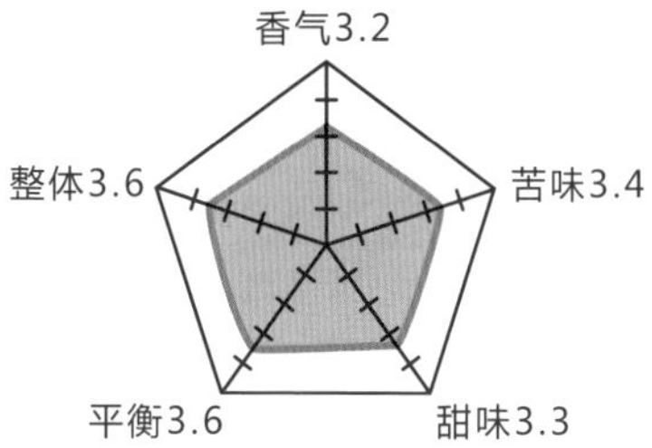

体 验

这款啤酒的泡沫丰富而细腻，琥珀色的酒体纯净通透，开瓶之后，麦芽的香味比较明显，之后还有李子的味道。

第一口下去，杀口感适中，喝到嘴里苦味比较明显，在苦味没有完全散去之前，麦香、焦香和水果香一一体现出来，结尾之处非常干净，口腔中的苦味也会停留一段时间。

故 事

有人将美国现代啤酒的起点给了铁锚酒厂。这个在 19 世纪创建的小酒厂算得上美国最老的酒厂之一。

几乎绝大多数的美式风格都是在其他国家的风格上改进而来的。比如美式淡色爱尔啤酒源自英国，酸啤酒源自于比利时。蒸汽啤酒是铁锚刚建厂时唯一的产品，也是第一个美国本土的啤酒风格。

酿酒师们在屋顶上制作了又薄又浅又长的特殊发酵槽，利用美国西部较大的昼夜温差令煮沸的麦汁快速冷却。随后投入酵母，转移到木桶中继续发酵。当啤酒成熟后打开木桶，这种啤酒会涌出一股气流和大量的气泡，犹如蒸汽一般，从而得名蒸汽拉格。

铁锚自由爱尔
Anchor Liberty Ale

基础资料

品　　名：铁锚自由爱尔
　　　　（Anchor Liberty Ale）
产　　地：美国
风格种类：美式印度淡色爱尔
　　　　（American IPA）
酒 精 度：5.9%

imbeer评价

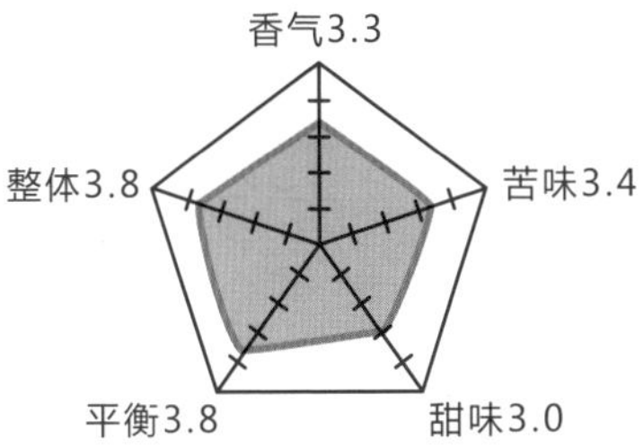

体 验

酒体呈现金黄色，泡沫丰富细腻，虽然作为全美第一个将卡斯卡德啤酒花当作香气啤酒花使用的啤酒，但酒花的香气并不是非常明显。

入口酒体比较轻盈，杀口感适中，淡淡的苦味和麦芽的甜味非常均衡。咽下之后，苦味持续的比较持久，反复一次也没有什么多余的味道，有着英国酒的影子。

故 事

这款酒是铁锚酒厂除蒸汽拉格之后又一代表作。

有人说它是美式印度淡色爱尔的鼻祖，因为这种啤酒花的使用方法影响了后世美国啤酒的发展。也许按照现在普世意义上美式印度淡色爱尔的标准看，它还太过传统。但它确实改变了美国啤酒花的运用方式，也称得上开创的之作。

内华达山脉淡色爱尔
Sierra Nevada Pale Ale

基础资料

品　　名：内华达山脉淡色爱尔
（Sierra Nevada Pale Ale）
产　　地：美国
风格种类：美式淡色爱尔
（American Pale Ale）
酒 精 度：5.6%

imbeer评价

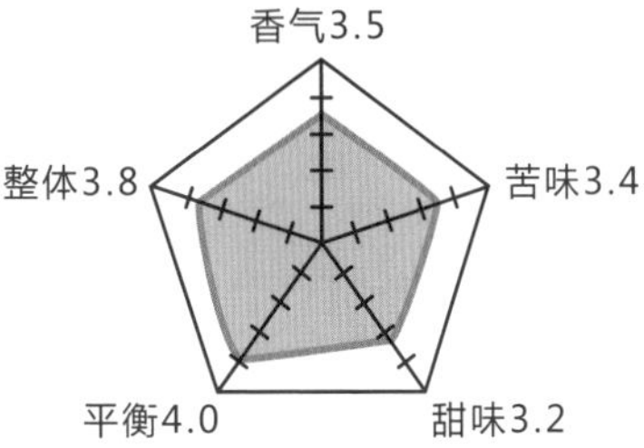

体 验

通透的琥珀色上面，泡沫丰富细腻，消散的速度适中。卡斯卡德酒花标志的柑橘类清香伴随着麦芽的香甜味道涌入鼻腔。

入口杀口感适中，酒体轻盈，淡淡的苦味冲刷着口腔，之后，焦糖麦芽的味道在中段得以体现，前后的平衡感近乎完美。

故 事

说到美式淡色爱尔，最经典的当属这款内华达山脉淡色爱尔。这款啤酒曾被无数的酒厂所模仿，被无数的自酿爱好者尝试克隆，它被人们认为是美式淡啤的开山祖师。

内华达山脉酒厂也是美国最早的精酿酒厂之一。创始人肯•格罗兹曼在 20 世纪 80 年代创造了这款让人回味无穷的啤酒，同时也奠定了美式淡色爱尔啤酒的风格。

拉古尼塔斯新狗镇淡色爱尔
Lagunitas Pale Ale New Dog Town

基础资料

品　　名：拉古尼塔斯新狗镇淡色爱尔
（Lagunitas Pale Ale New Dog Town）
产　　地：美国
风格种类：美式淡色爱尔
（American Pale Ale）
酒 精 度：6.2%

imbeer评价

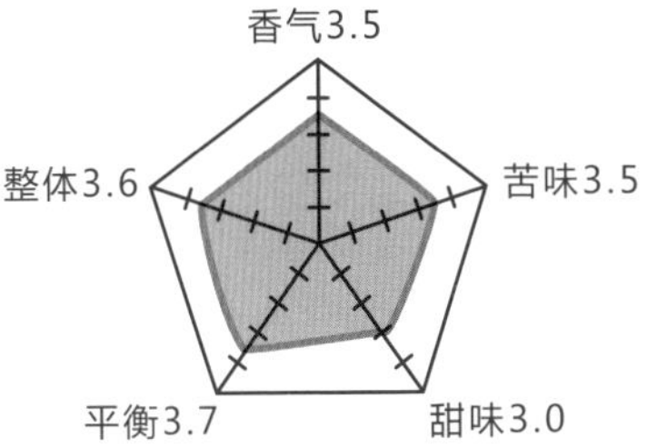

体 验

这款标准的美式淡色爱尔有着通透的浅琥珀色，近乎金色。泡沫丰富细腻，消散的速度适中。气味依然是美式啤酒中常见的柑橘类清香，这也是美式啤酒花最明显的特征。气味中也夹杂着一些麦芽的香甜味道。

入口酒体轻盈，苦味和焦糖麦芽的味道在中段得以体现，下咽后又是苦味浮现出来，用以中和口中的甜，整体表现良好。

故 事

20 世纪 70 年代后期，南加州遭遇干旱，全城缺水。在日常喝水都困难的情况下，以 Z-Boys 滑板队为首的叛逆少年们，却在干涸废弃的泳池里享受滑板的乐趣。

因为这些疯狂少年，这里被人熟知。为他们涂鸦滑板的艺术家从当时形容美国城市萎缩的流行语“Gone to the dogs”中取获得灵感，称 Z-Boys 为来自南加州“狗镇（DogTown）”。

拉古尼塔斯的老板托尼以“Dog Town”为名做了第一款酒。一方面是自嘲自己潦倒的状态；另一方面，他希望自己的啤酒可以像当年的 Z - Boys 一样，把啤酒这个新鲜而美好的事物带到美国各地。

塞缪尔·亚当斯波士顿拉格
Samuel Adams Boston Lager

基础资料

品　　名：塞缪尔·亚当斯波士顿拉格

（Samuel Adams Boston Lager）

产　　地：美国

风格种类：维也纳拉格（Vienna lager）

酒 精 度：4.9%

imbeer评价

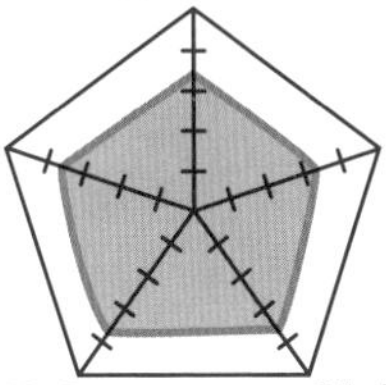

体 验

这款啤酒的泡沫丰富而细腻，琥珀色的酒体纯净通透，开瓶之后首先是啤酒花的香气，很明显。之后还有焦糖的味道，整体来说相当清新。

第一口下去，杀口感适中，喝到嘴里，能明显感受到苦味有别于工业化的拉格啤酒，但不持久。随之而来的是绵绵不绝的麦香、焦香和水果香，结尾非常干净，并伴有一点点的甜味。

故 事

这款酒的配方可以溯源到 1860 年。1984 年，吉姆·科赫在自己厨房里复制成功，并于第二年正式推出这款波士顿拉格。当年它就获得了“美国最佳啤酒（Best Beer in America）”的奖项。至此，波士顿拉格成为美式拉格的代表作。

这款酒的流行范围很广，当然质量也足够有保证。不论什么时候，不论在哪个国家，选择这样一瓶啤酒，都是不错的。

最后提一句，这款酒的有趣之处还有酒标的各种变化，专用的酒杯，各种自酿爱好者的复制配方，等等，内容之丰富足够写一本书了。

布鲁克林拉格
Brooklyn Lager

基础资料

品　　名：布鲁克林拉格（Brooklyn Lager）
产　　地：美国
风格种类：维也纳拉格（Vienna Lager）
酒 精 度：5.2%

imbeer评价

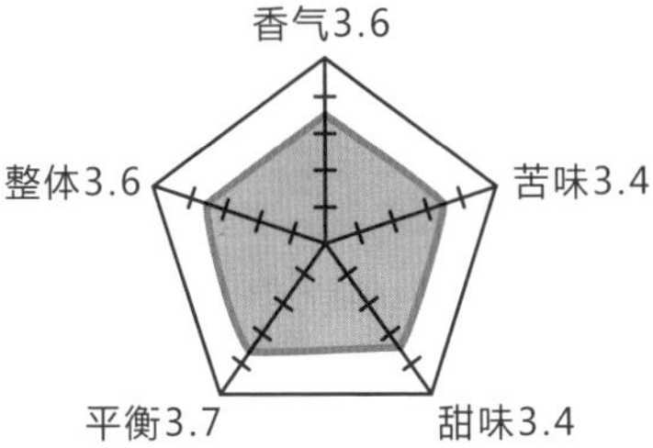

体 验

焦香麦芽带来了琥珀色的酒体，美国啤酒花带来的香气弥漫，杀口感不强。

麦芽味焦糖味十足，之后啤酒花的苦让焦糖变得不那么明显，但自然。随着下咽苦味便消散，口感略黏稠，这是酒体的黏稠，焦糖甜和苦味非常平衡，让人满足。

总体来说，这款酒苦味适中，是一款上佳可口的啤酒，但也有别于工业拉格的单调和平庸。它是拉格啤酒中比较有名的代表作。

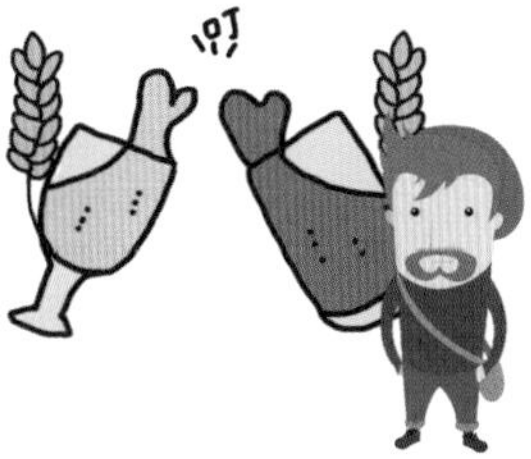

故 事

作为布鲁克林酒厂的旗舰产品，同时也是该酒厂的第一款产品，它的历史可以追溯到19世纪的布鲁克林，那时候新移民带来的这种“维也纳”风格啤酒风靡着整个纽约，布鲁克林拉格在这种传统的风格中注入了美式精酿灵魂的啤酒花。

这款酒是早期进入中国市场的美式拉格之一，很多人通过它改变了由工业拉格所带来的拉格偏见，对拉格啤酒又重新有了新的印象：好的拉格啤酒，并不寡淡。

罗格坏家伙
Rogue Dead Guy

基础资料

品　　名：罗格坏家伙
（Rogue Dead Guy）
产　　地：美国
风格种类：清亮勃克（Helles Bock）
酒 精 度：6.5%

imbeer评价

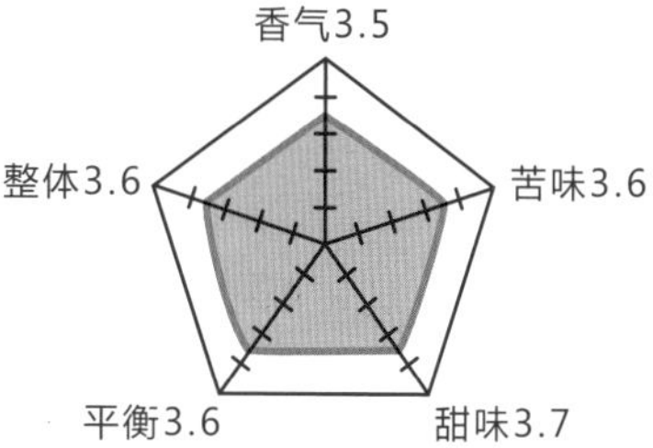

体验

罗格坏家伙有着深褐色的酒体，泡沫并不算丰富，但还算细腻。气味里包含着啤酒花的味道，后段有一丝蜂蜜的甜味和一些水果味道。

入口后，麦芽的甜味首先体现出来，很快转化成啤酒花的苦，并掺杂了淡淡的焦糖味道。结尾处，苦涩味道虽然还在，但已经淡了很多。酒本身并不算特别浑厚。

故事

罗格坏家伙的创意来自于一张私人酒吧帖纸。它是波兰画家卡萨贝卡为了庆祝玛雅人 11 月 1 日的死亡节（也称“招魂日”）的作品。

这款酒的设计广受欢迎，在全美流行之后，“坏家伙”成为标志性产品而受到疯狂的模仿。虽然叫作爱尔，但它是一款下发酵的勃克风格啤酒。因为这款勃克啤酒是用上发酵的酵母制作而成的，所以味道别具一格。

罗格琥珀啤酒
Rogue American Amber Ale

基础资料

品　　名：罗格琥珀啤酒
（Rogue American Amber Ale）

产　　地：美国

风格种类：美式琥珀爱尔
（American Amber Ale）

酒 精 度：5.3%

imbeer 评价

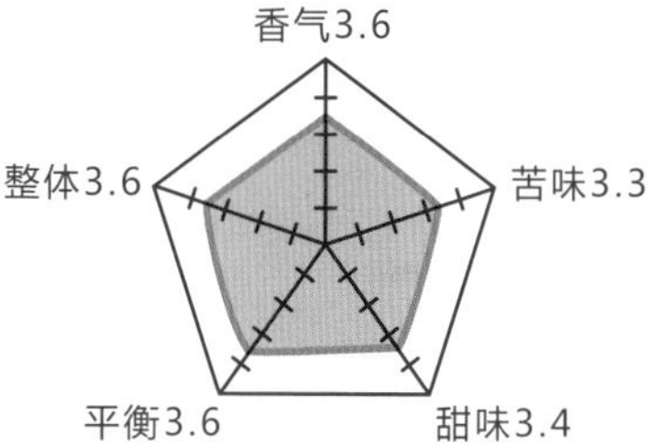

体验

这款酒有着非常好的淡黄色泡沫，约两厘米厚。前段泡沫消失速度较快，后段泡沫消失速度减慢。气味里明显带有一股极其香甜的焦糖味道。

入口酒体很顺滑，微苦，有一些焦糖的甜味，但并不持久，与闻起来截然相反。咽下去后喉咙处留有一些苦味，整体来看是一款颇为平衡的酒。

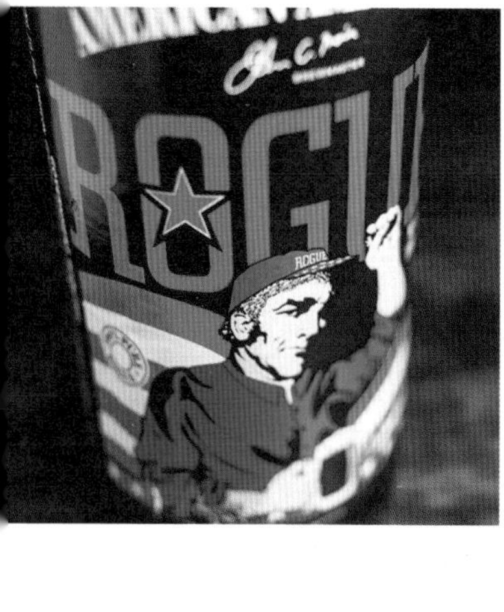

故事

罗格（Rogue），直译过来是“捣蛋鬼”“无赖”甚至是“流氓”的意思。所以很多人都认为来自美国的罗格啤酒是一群朋克们拿来戏谑这个世界的玩意儿。他们的酒千奇百怪，正是来自于他们骨子里的不安分基因。酒厂成立于 1987 年，三个不安分的年轻人从耐克公司离职，创立了这家酒厂。1988 年 10 月，他们开始出售第一款啤酒，就是这款至今依然畅销的琥珀啤酒。

罗格也是最早进入中国市场的美国精酿啤酒之一，对中国啤酒市场的多样性有着特殊的贡献。

北岸红海豹
North Coast Red Seal Ale

基础资料

品　　名：北岸红海豹
（North Coast Red Seal Ale）
产　　地：美国
风格种类：美式琥珀爱尔
（American Amber Ale）
酒 精 度：5.5%

imbeer评价

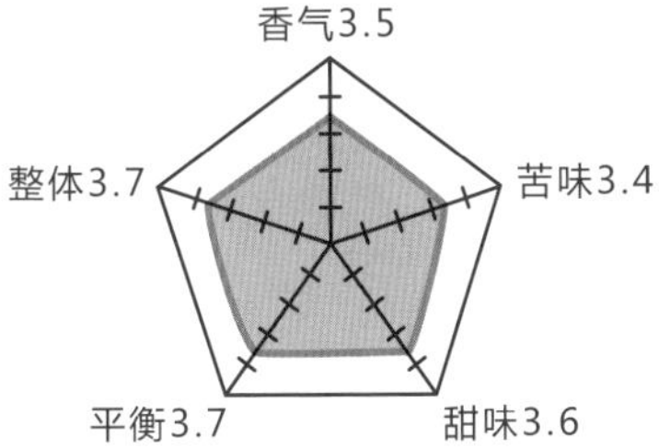

体 验

它具有铜红色的透明色泽，闻起来兼具麦芽的甜味和美式啤酒花的香味。

入口后，麦芽和酒花的味道完美结合，较强的杀口感和较厚的酒体，伴随着适中的甜味和苦味。整体过渡缓和、顺滑，体现出了不错的易上口度，非常适合大口饮用。

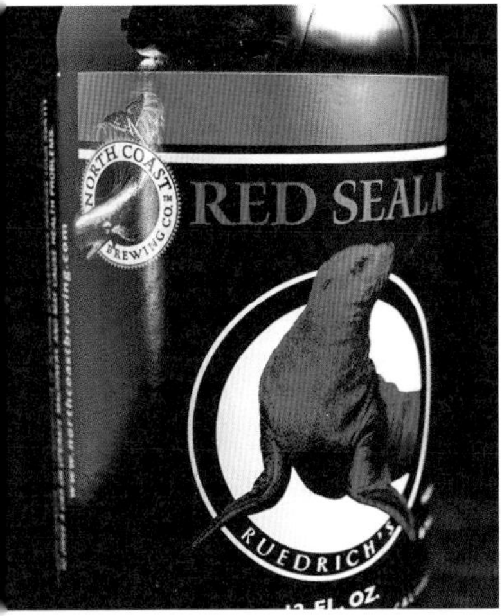

故 事

北岸酿酒公司是位于加利福尼亚州门多西诺海岸的一个酿酒厂，始建于 1988 年。它以酿造上发酵爱尔啤酒为主，包括美式淡色爱尔啤酒、比利时风格金色爱尔啤酒以及帝国世涛啤酒，等等，而且大部分产品都曾在世界啤酒比赛中获过奖。

这款红海豹是北岸公司早期进入到中国的产品之一，颇有一些中国的啤酒爱好者是通过它进入了新的啤酒世界，为人生打开了另一扇门。

鹅岛 312 城市小麦
Goose Island 312 Urban Wheat Ale

基础资料

品　　名：鹅岛 312 城市小麦（Goose Island 312 Urban Wheat Ale）
产　　地：美国
风格种类：美式小麦（AmericanWheat）
酒 精 度：4.2%

imbeer评价

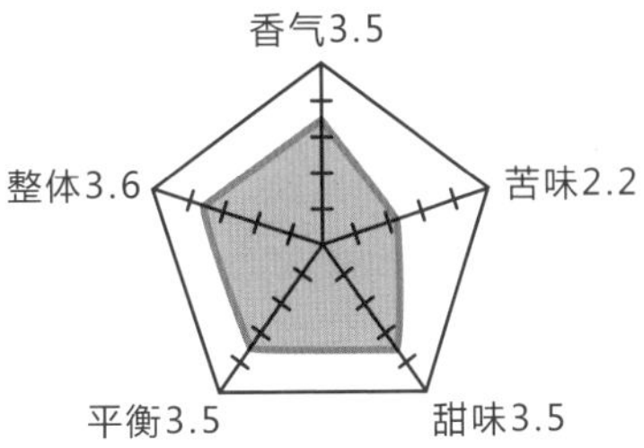

体 验

朦胧的酒体和洁白的泡沫十分漂亮；将它靠近鼻子你可以闻到柠檬、香蕉、丁香等味道，当然还有美式啤酒花的味道。

入口酒体适中，柠檬果香在第一时间给你味觉的冲击，之后是小麦的甜味，结尾有着啤酒花的苦味。在美式小麦中，这款酒算不上激进，不会有太多的惊喜，但也不会让你失望。

故 事

这款酒的酿造灵感来自于美国芝加哥这座人口稠密的城市。312 这个数字是芝加哥的电话区号，酒标上的背景是芝加哥街景，鹅岛酒厂是这座城市的代表。

当美国总统奥巴马在 G20 峰会上将这瓶啤酒送给英国首相卡梅伦的时候，“鹅岛”就已经成了美国风格啤酒的象征。这个领导了美国精酿啤酒革命的老牌酒厂，虽然已经被百威英博收购，但它借助大集团的优质销售网络，使自己的啤酒进一步走向国际市场，让更多的人认识到啤酒世界的丰富多彩。

角鲨头合十礼
Dogfish Head Namaste

基础资料

品　　名：角鲨头合十礼
　　　　（Dogfish Head Namaste）
产　　地：美国
风格种类：比利时小麦（Wit）
酒 精 度：4.8%

imbeer评价

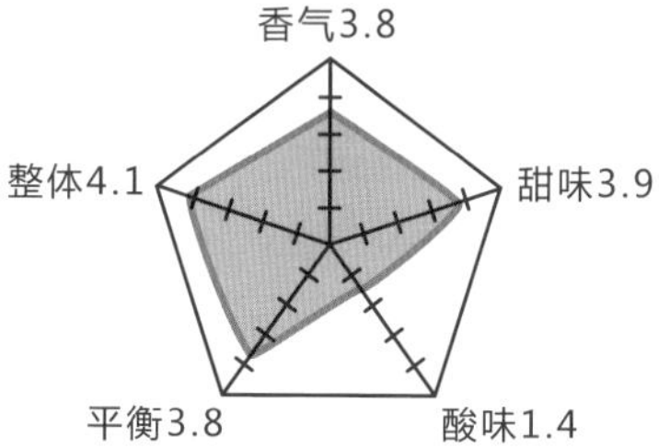

体 验

这是一款典型的比利时小麦啤酒，酒体呈现淡黄色，并且有些浑浊，泡沫丰富细腻，闻起来橙子的味道非常香。

喝起来的感觉比通常的比利时小麦要浓郁一些，这也得益于角鲨头把传统酿造方法里面的橙皮换成了橙肉。总体来说，口感依然走比较轻盈的路线，适合畅饮。

故 事

来源于角鲨头疯狂的想法，它将传统橙皮换成了橙肉，又加入了些柠檬草和芫荽一起酿制，得到了这样一款既传统又创新的啤酒。

这款酒原本是为了帮助一家受灾的酒厂捐款而酿造的。

那家酒厂在一次意外中损失了10万瓶啤酒。与之有合作关系的角鲨头酒厂，出于义气和对合作伙伴的尊重，将这款酒起名为“合十礼”，表达一种美好祝愿。

布鲁克林东印度淡色
Brooklyn East IPA

基础资料

品　　名：布鲁克林东印度淡色
　　　　　（Brooklyn East IPA）
产　　地：美国
风格种类：印度淡色爱尔（India Pale Ale）
酒 精 度：4.8%

imbeer评价

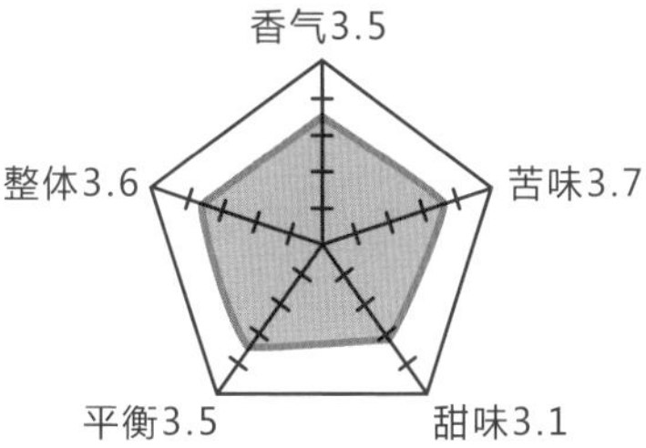

体 验

酒入杯后，有很细腻的白色泡沫层，下面是琥珀色的酒，散发着水果的香味，是这类酒的典型风格。

入口之后，首先品尝到某些水果的味道，类似橙子，其中掺杂着苦味。酒体杀口感适中，厚度不错，之后很快香味变淡，苦味加重，麦芽的味道也散发出来。酒精的味道没有太过分的体现。

故 事

布鲁克林公司的这款啤酒是最早进入中国的印度淡色爱尔啤酒之一。它也自然而然地成为很多中国啤酒爱好者的启蒙酒。很多人爱上了它强烈的口感，也有人因为它太苦就放弃了继续尝试。布鲁克林啤酒厂始建于1987 年，由前美联社记者史蒂夫辛迪和某银行贷款部主任汤姆•波特一同创建。辛迪之前在沙特和叙利亚地区常驻过六年。但中东国家的禁酒令使爱酒的辛迪不得不辞去工作，并于1984 年回到了美国。三年之后，他在布鲁克林的家中跟他的邻居波特一起创建了酒厂。

内华达山脉鱼雷
Sierra Nevada Torpedo

基础资料

品　　名：内华达山脉鱼雷（Sierra Nevada Torpedo）

产　　地：美国

风格种类：美式印度淡色爱尔（American IPA）

酒 精 度：7.2%

imbeer评价

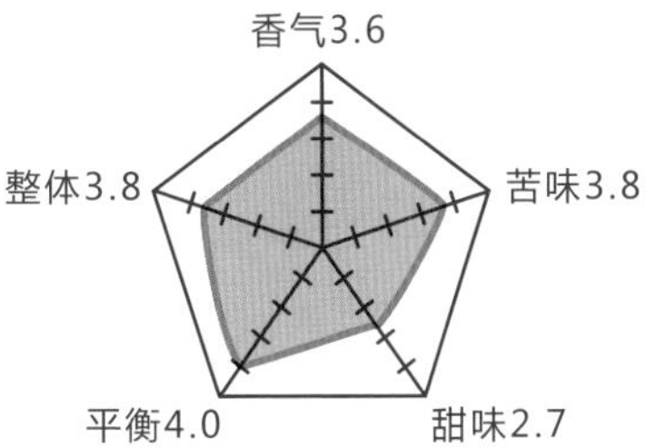

体 验

酒体在橙色和琥珀色之间，有些浑浊，泡沫细腻。闻起来，除了有一般美式啤酒常见的热带水果味道外，还有一些焦香麦芽的味道。

入口层次感很强，焦香味、苦味、啤酒花所带来的热带水果味不停地袭来，一波接一波。结束段很干，回味持久，平衡度十分优秀。

故 事

内华达山脉鱼雷虽然没有同门的淡色爱尔那么名垂千古，但也会在啤酒历史中留下自己的一笔。

它率先在美国精酿啤酒中使用了原始的完整啤酒花。

原始形态的啤酒花利用率较低，但是会给啤酒带来更加丰富的层次。虽然这不是第一款美式印度淡色爱尔，但却对美国精酿革命的发展有着不可磨灭的贡献。或者说，它把美国精酿啤酒中“玩”的特质进一步发扬光大了。

角鲨头 90 分钟
Dogfish Head 90 Minute IPA

基础资料

品　　名：角鲨头 90 分钟
（Dogfish Head 90 Minute IPA）
产　　地：美国
风格种类：帝国印度淡色爱尔
（Imperial IPA）
酒 精 度：9%

imbeer 评价

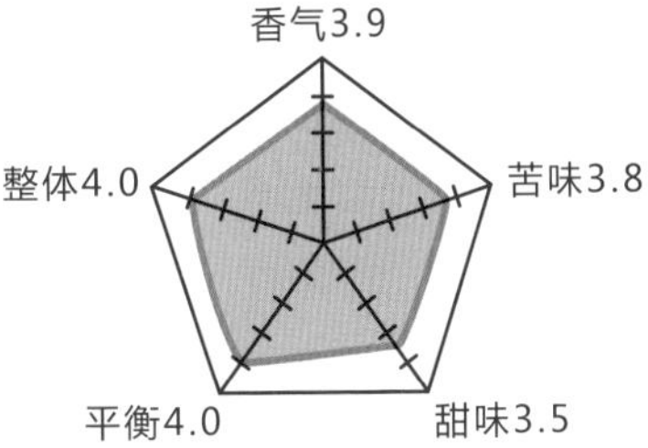

体 验

它是角鲨头的成名之作。酒体颜色偏红，呈琥珀色，开瓶就有扑鼻的啤酒花香气袭来。但与其他一些同类啤酒相比，这款酒的香气有些内敛，令人非常舒服。与此对比的是，麦芽的味道得到完美衬托，这在同类酒中并不多见。

入口啤酒花的味道明显，麦芽的味道也与闻起来相似，同样有所展现。甚至可以说它是一款难得的由麦芽主导的美式风格，不会让初次接触这一类型啤酒的人难以接受。总体表现非常好，柔和，温润。

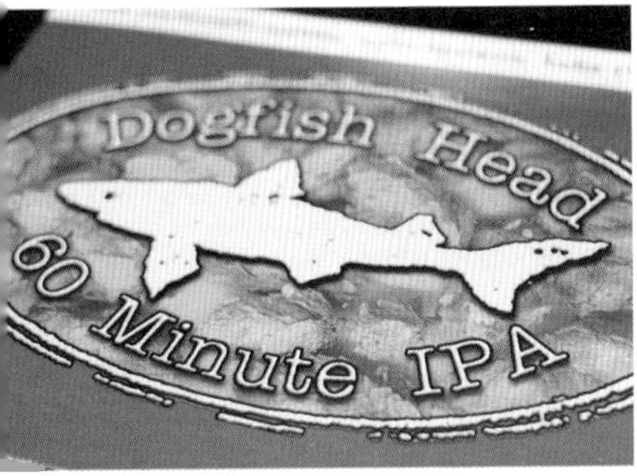

故 事

这款 90 分钟啤酒可以说是角鲨头酒厂的代表作和成名作。连续 90 分钟不间断地投放啤酒花虽然是一种噱头，但成品的表现非常好。这种连续投放的设备也注册了专利，并酿造了 60 分钟、120 分钟等一系列啤酒。

这类酒通常对新鲜度要求比较高，这款酒也是如此。一旦时间不好，啤酒花味道消散后，就只会剩下麦芽的甜味和酒精的味道，这会影响口感与评价。

巨石毁灭 2.0
Stone Ruination Double IPA 2.0

基础资料

品　　名：巨石毁灭 2.0（Stone Ruination Double IPA 2.0）

产　　地：美国

风格种类：帝国印度淡色爱尔（Imperial IPA）

酒 精 度：8.5%

imbeer 评价

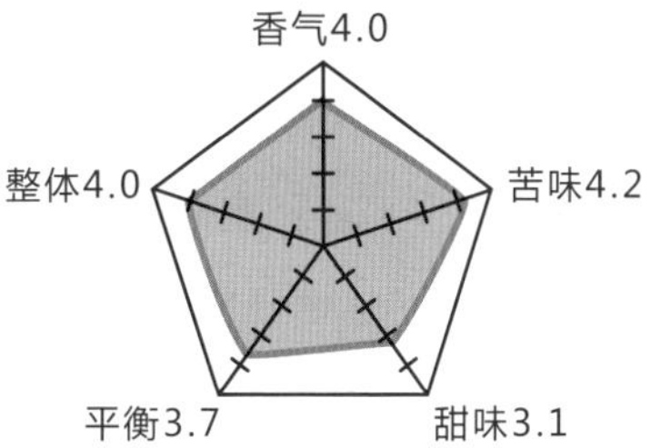

体 验

与巨石毁灭的老版本相比，2.0 版本的风味更加强烈。这得益于新版中加入的西楚啤酒花的作用。

酒体微微浑浊，泡沫十分细腻丰富。热带水果的气息透过泡沫缓缓飘来，十分提神。入口后，味道的复杂程度很明显，啤酒花的苦味非常犀利，苦味过后，一枚热带水果炸弹在口腔中爆裂开来。整个过程干净利落又不失细腻柔和。

故 事

2015 年 4 月，巨石公司决定进化自己的原有的“毁灭系列”产品。全新的酒像软件升级一样赋予 2.0 的代号，毁灭 2.0 啤酒就这样诞生了。

在 1.0 时期，这款酒的香气在多种美国啤酒花的作用下已经十分突出。在新的版本中，除了加入新的啤酒花外，也微调了之前啤酒花的使用比例，使得香气和苦味更加平衡。

借用酒厂官方的说法：“也许我们自己需要不断地升级，这样才能一直给人‘毁灭’的感觉。”

巴乐丝平大头鱼
Ballast Point Sculpin IPA

基础资料

品　　名：巴乐丝平大头鱼
（Ballast Point Sculpin IPA）
产　　地：美国
风格种类：美式印度淡色爱尔
（American IPA ）
酒 精 度：7%

imbeer评价

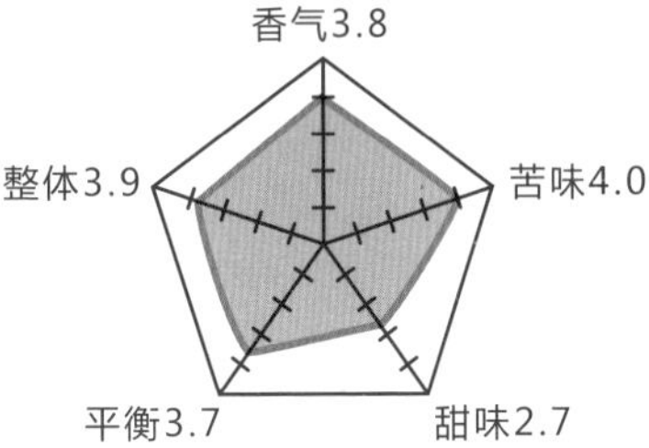

体 验

它是各大啤酒节和比赛的获奖常客，长期占据各个啤酒评分网站的前列。它减轻了美式印度淡色爱尔常见的浑厚酒体，突出了轻松愉悦的热带水果香气，复合杏、桃子、杧果和柠檬口味的刺激。入口味道丰富，有着强烈的啤酒花、柑橘香气，一点点甜味很快就被啤酒花的苦味所中和。后段苦味依然存在，回味悠长，它是非常精彩的一款啤酒。

故 事

酒厂标识为出海时候测量方向的六分仪，希望自己成为啤酒疯子们的六分仪，指引行业的方向。

这款大头鱼啤酒获得过 2010 年啤酒世界杯（World Beer Cup）的冠军。后来他们在这款酒上做了无数修改，加入了不同的水果或者香料，投入不同的啤酒花，等等，让这款酒又有了无数变种。无论哪个，都值得一试。2015 年，酒厂以 10 亿美元的价格卖给了星座公司，进一步引发了精酿啤酒与资本关系的无数争论，可谓话题性十足。

火石行者米字旗
Firestone Walker Union Jack IPA

基础资料

品　　名：火石行者米字旗（Firestone Walker Union Jack IPA）

产　　地：美国

风格种类：美式印度淡色爱尔（American IPA）

酒 精 度：7.5%

imbeer评价

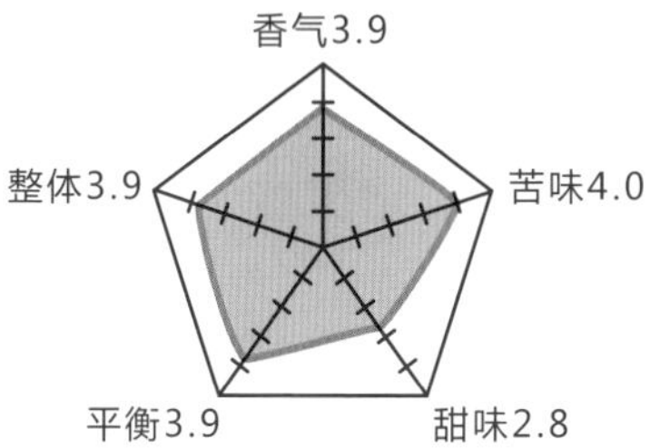

体 验

开瓶之后，浓郁的酒花香气和水果香气穿入鼻腔，香气十分诱人，清澈的酒体让人十分有饮用欲望。

入口后，浓郁的啤酒花味道在嘴里爆发，刺激着每一颗味蕾。虽然苦味不弱，但在回味时又不会过分，啤酒花与麦芽的味道十分平衡。总体来说，味道丰富又不失干爽，在衬托香味的同时又不会让酒在嘴里感觉过苦。

故 事

米字旗是火石行者旗下的经典酒款，它帮助了酒厂在美国啤酒节（Great American Beer Festival）斩获了无数的荣誉。它一共使用了7种啤酒花进行酿造，分为三个阶段依次投入。它将不同风格啤酒花的不同特点逐一体现。

火石行者酒厂于1996年创办。创始人是一个英国人和一个美国人，所以你能在他们酒厂的标识上看到代表美国的熊和代表英国的狮子。

飞狗双倍恶狗
Flying Dog Double Dog Double IPA

基础资料

品　　名：飞狗双倍恶狗（Flying Dog Double Dog Double IPA）

产　　地：美国

风格种类：帝国印度淡色爱尔（Imperial IPA）

酒 精 度：11.5%

imbeer评价

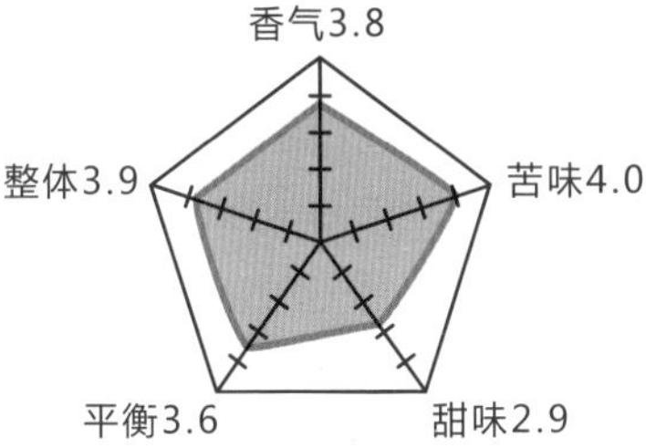

体 验

深棕色的酒体伴随着浓密的泡沫，散发出浓郁的焦糖甜味和美式啤酒常见的柚子、杧果等热带水果香气。

入口非常苦，随后麦芽的甜味才会慢慢地露头。但不要高兴得太早，这一点甜味远远不够去平衡。啤酒花的柑橘香也会不时跳出来刷存在感。这些味道持续时间很长，久久不能散去。

故 事

出色的啤酒和形象设计让飞狗逐渐成长为科罗拉多州最知名的啤酒品牌之一。2004 年，他们决定推出一批实验酒，让用户做最终的取舍。

这款双倍恶狗就是第一款实验作品。当时的酒精度只有 9%，是一款充满了丰富香气和浑厚酒体的重口味淡色爱尔。与西海岸风格的印度淡色爱尔有着异曲同工之妙，但是更甜、更容易入口，因此大受欢迎。

后来，他们在用户的强烈要求下将这款酒做成了常规款。飞狗将这款酒做成了一直流行到现在的双倍恶狗。

贝尔双心鱼
Bell's Two Hearted Ale

基础资料

品　　名：贝尔双心鱼
　　　　　（Bell' s Two Hearted Ale）
产　　地：美国
风格种类：美式印度淡色爱尔
　　　　　（American IPA　）
酒 精 度：7%

*imbeer*评价

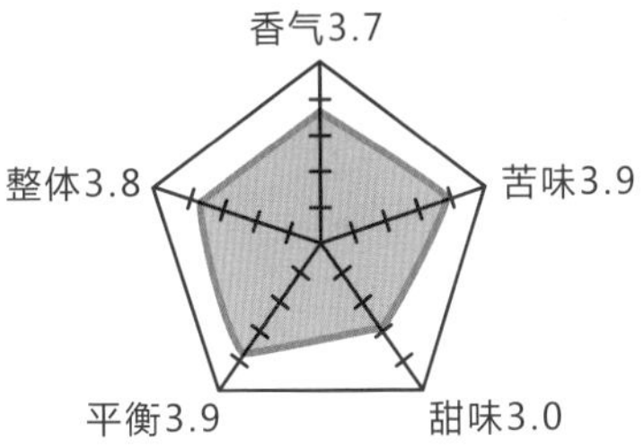

体 验

酒体呈现很漂亮的橙色，有一点点浑浊。闻起来有很浓郁的橙子和柑橘的香气，十分诱人。

入口和闻香时一样，展现最强烈的还是柑橘、柚子类水果的味道。整体非常平衡，不会特别甜、苦、烈，口感顺滑，多饮几杯也不会腻烦。

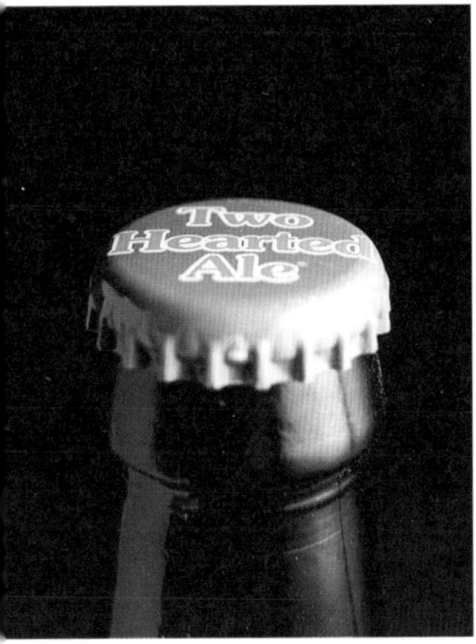

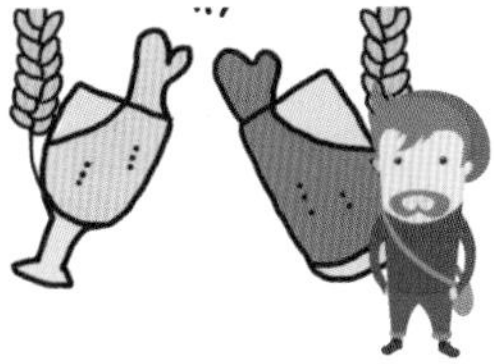

故 事

贝尔啤酒公司 1985 年诞生于美国密歇根州的卡拉马祖市。前身是一家自酿啤酒设备公司。

双心鱼啤酒是一款经典中西部风格的印度淡色爱尔。和其他西部酒厂的啤酒喜欢使用多种类的啤酒花不同，这款酒只使用了单品种的世纪啤酒花。

它在 2011 年美国家酿协会评选的全美最好的啤酒中排名第二位，在各大啤酒评分网站上，也长期占据前十的位置。

巨石走进印度淡色爱尔
Stone Go To IPA

基础资料

品　　名：巨石走进印度淡色爱尔（Stone Go To IPA）
产　　地：美国
风格种类：美式印度淡色爱尔 / 聚会美式印度淡色爱尔（American IPA / Session IPA）
酒 精 度：4.5%

imbeer评价

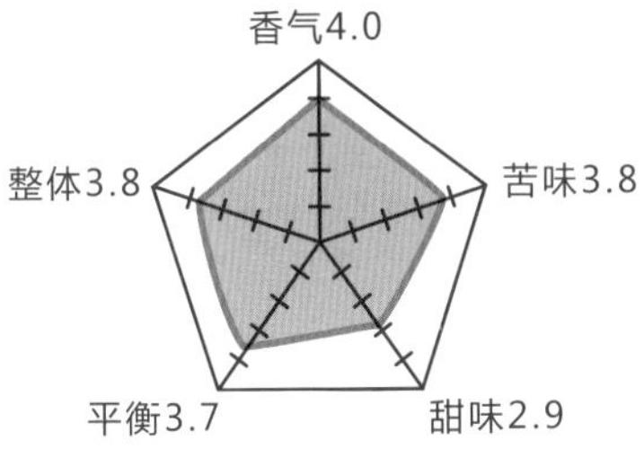

体 验

酒体呈现金色，大量美式啤酒花的运用使这款酒充满了的热带水果香味。入口之后，先是柑橘的味道，之后是各种水果的味道。虽然实际苦味值不低，但相对于其他同类酒款来说并不明显。杀口感较强，非常爽口，不甜腻。总体来说，味道丰富又不失干爽，在衬托香味的同时又不会让酒在嘴里感觉过苦。

故 事

这款酒代表了 2015 年美国本土非常流行的一种风格。你可以称它为低酒精度版本的美式印度淡色爱尔，也有人直接称它为聚会啤酒。

这种酒的特点很鲜明，酒精度很低，适合聚会时畅饮。但是香气却和普通的美式印度淡色爱尔无异，不会让你觉得喝酒只是灌醉自己。

以这款酒为例，它使用了 7 种不同的啤酒花，酒精度只有 4.5%，但风味十足。

延伸阅读

美国 IPA 的另类故事

美式淡色爱尔 ≠ IPA？

我们在英伦三岛的章节中提到过印度淡色爱尔（India Pale Ale，即 IPA），的故事。随着美国精酿啤酒浪潮的兴起，现在的美式 IPA 已经风靡全世界。不论是欧洲的传统啤酒国家，还是亚洲、大洋洲等新兴啤酒世界，都能找到美式 IPA 的影子。甚至可以说，如果只能用一种风格来定义美国精酿啤酒，则 IPA 当之无愧。

从某种意义上说，现在的“IPA”和当年的“印度淡色爱尔”早已经不是同一种酒了。

印度淡色爱尔或者说 India Pale Ale，还是那种传统的英式啤酒。而 IPA 这三个字母，不再是前者的缩写，而是组成了一个新的名词，是一种酒精度浓度 6%~8%，使用大量新世界啤酒花酿制而成，体现出热带水果、柑橘、松脂等香味的啤酒。

为什么这么说呢？因为美国人酿造了很多“黑色 IPA”。如果翻译成“黑色印度淡色爱尔”是不是很奇怪？到底是黑色还是淡色？

它们看起来更像啤酒花气息丰盈的黑色爱尔或者波特啤酒，但实则保留了 IPA 的啤酒花风味，并将其与黑色的酒体结合。

如果只有黑色 IPA 恐怕还不能说明问题，现在被国际分类认可的还有结合着果味、酯味，使用比利时酵母和美式啤酒花的比利时 IPA；舍弃了美国啤酒花，进入了新西兰啤酒花的环抱的南太平洋 IPA；啤酒花风味更浓，酒精度更高的帝国 IPA；还有白色、红色、棕色 IPA，等等。

在书中，我们统一把 IPA 翻译成了印度淡色爱尔。但在未来喝酒的日子里，你需要能给别人讲明白为什么一款黑色的啤酒要叫淡色爱尔。

喜欢喝 IPA 的人都是变态?

美式 IPA 通常都很苦，让人爱恨交加。有些人为之疯狂，有些人恨之入骨。但是有学者说，喜欢美式 IPA 的人，可能是变态哟！

人类还在茹毛饮血的时候，并不知道什么东西不能吃。一些有毒的植物含有大量生物碱，味道很苦。对苦味不敏感的原始人容易被这些有毒的食物毒死，基因很难传下来。

之后，拥有这些基因的人获得了强大的生存能力。随着基因的不断进化，人类的味蕾可以感知数千种苦味物质，其中大部分都对人体有害或者有毒，只有少部分被排除在外。

这就是达尔文的“自然选择”。

人类对苦味分辨的基因在第 7 号染色体上，呈现显性和隐性两种类型。如果一个人携带的是双隐形基因，则无法尝出植物的苦味。按照纯概率，这种人现在大概有 25%（类似于单眼皮和双眼皮）。

按照进化论，这些人应该被“毒死”啊，怎么还活着呢？因为这类人群只是不能分辨植物的苦味，其他有毒物质的苦味他们也许可以分辨。

另一方面，抛开计量谈毒性都是“耍流氓”，有些苦味的毒性本来就小到可以忽略，或者有些毒性需要积累，在他已经孕育下一代之后才“毒发身亡”，导致基因顺利地流传下去。要不人类也不会依然保留前列腺这么不科学的进化。

解释完人类和苦味的关系，你就应该明白人类其实真的不喜欢苦味。那么除去这些基因与众不同的人，喜欢特别苦的 IPA 啤酒的人都是什么心态呢？

奥地利因斯布鲁克大学的研究员们征集了 1000 人进行实验，让他们按照喜好程度写出六种食物，并且进行人格调查问卷的考试，通过他们的口味来研究分析性格特征，结果却有些出人意料。

研究员们发现，越喜欢苦味的人，性格也越阴暗！因为苦味是预警信号。所以研究员们认为：能从那些“有害”的食物中得到兴奋的感觉，不是疯了就是变态，因此会在问卷上表现出极其阴暗的性格。

如果以后有人对你说喜欢喝特别苦的 IPA，你可能要稍微谨慎一点……就算他不是变态，也可能借酒撒疯，毕竟那些酒的度数可不低。

北岸旧拉斯普金
North Coast Old Rasputin

基础资料

品　　名：北岸旧拉斯普金
（North Coast Old Rasputin）
产　　地：美国
风格种类：帝国世涛（Imperial Stout）
酒 精 度：9%

imbeer评价

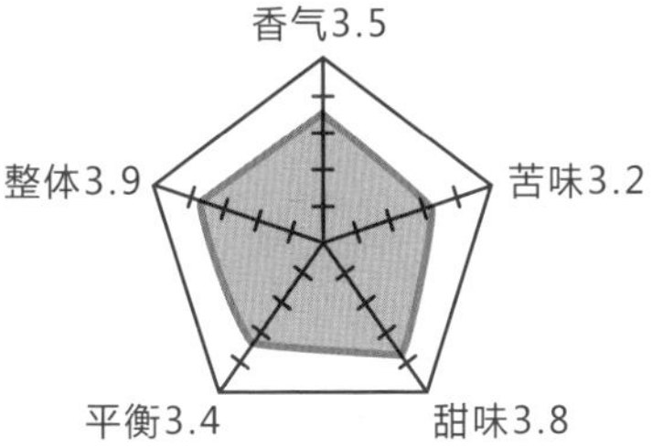

体 验

北岸旧拉斯普金是美国市场最出色的帝国世涛之一，味道浓郁丰富、酒体厚重，乌黑色的酒体散发着细腻的太妃糖香味。

入口柔顺、厚重但不拖沓，咖啡、黑巧克力和麦芽焦香溢满口腔，酒精味伴随全程，带来丝丝辛辣，添彩而不突兀，这也是帝国世涛风格常见的特点，虽然不甚平衡，但却个性十足。

故 事

搜索“Rasputin”，你可以找到数十款来自不同厂家的啤酒，这些啤酒无一例外都是帝国世涛。

拉斯普金是沙皇俄国著名的灵妖僧，被认为有超自然力量。他对晚年的俄国沙皇尼古拉斯二世和其夫人扎瑞斯特•亚莉珊德拉有着重大影响（你们懂得）。

拉斯普金在 1916 年受到一群贵族三次谋杀后才真正死去，并且遭到了阉割。现在他的“丁丁” 展示于圣彼德堡一间博物馆中，全 长 28.5 厘米。

分水岭野人帝国世涛
Great Divide Yeti Imperial Stout

基础资料

品　　名：分水岭野人帝国世涛（Great Divide Yeti Imperial Stout）
产　　地：美国
风格种类：帝国世涛（Imperial Stout）
酒 精 度：9.5%

imbeer评价

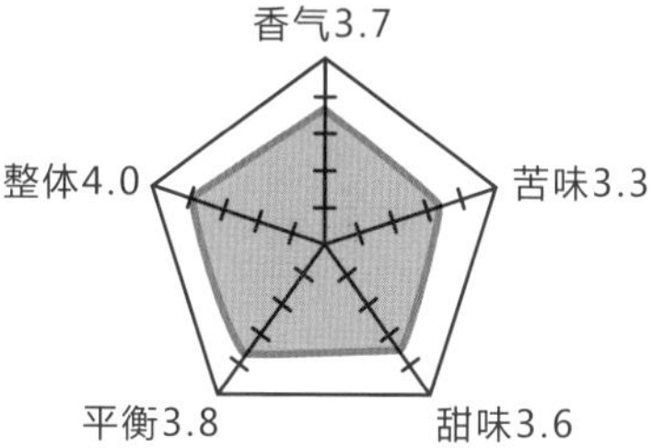

体 验

作为分水岭酒厂的当家产品，这款野人帝国世涛拥有着浓郁的巧克力以及太妃糖的味道，而大量干投的啤酒花使得这甜腻的味道得到了完美的平衡。

入口时是帝国世涛典型的顺滑、粘稠、厚重的口感。结尾处苦涩的酒花味来袭又使它成为一款与众不同的帝国世涛，在酒精度高达 9.5% 的同时，又能如此平衡地呈现这一切。毫无疑问，这款酒为美式帝国世涛打造了一个经典的模版。

故 事

分水岭把自己定位为与传统啤酒完全不同的极致啤酒酿造商。它着重酿造酒精度高于 7% 的进化款啤酒。就像他们的名字“分水岭”一样，他们直接跟传统的啤酒划清了界限。

因为酒厂的创始人认为啤酒并不只是用来在酒吧里面痛饮的。他希望啤酒是一种特殊的饮料，是生活的一部分。

有朝一日，人们从啤酒开始新的一天，可以时刻举着各式各样的啤酒细细品味，是他人生最终的追求。

飞狗刚左帝国波特
Flying Dog Gonzo Imperial Porter

基础资料

品　　名：飞狗刚左帝国波特（Flying Dog Gonzo Imperial Porter）

产　　地：美国

风格种类：帝国波特（Imperial Porter）

酒 精 度：9.2%

imbeer评价

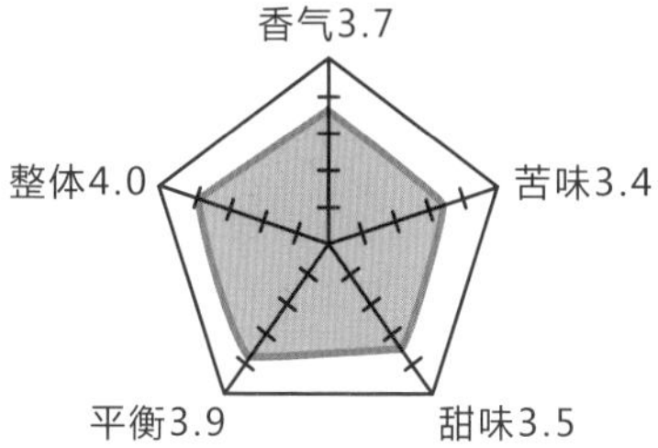

体 验

明显的酒精感让这款酒不容小，泛黄的泡沫和深邃的酒体突显这酒的厚重。烟熏的味道搭配上巧克的苦味和水果的香味十分的诱人，后略有一些花香。

入口后，麦芽的味道、巧克力的道和酒花的味道依次呈现，层次清。酒精度带来的温暖让整个酒体强、厚重、充满想象力。它就像刚左的新闻一样，让人倍感活力。

故 事

1995 年，飞狗的创始人乔治觉得自己一个人玩得还不够嗨，于是又拉上了一个老痞子亨特来为飞狗做企划。这个美国著名的“刚左新闻作家”为飞狗定下了“给疯子喝的啤酒，正常人别喝”的基调。

2005 年，亨特去世了，这不但是整个新闻界的重大损失，更是让飞狗品牌失去了一个重要的精神支柱。为了纪念他以及缅怀他对整个精酿啤酒行业艺术改造的贡献，飞狗特别酿造了这款酒。

延伸阅读

被玩坏的“帝国”化

如果你在酒标上看到“Imperial”或“Double”这样的字眼，你就知道将迎接重量级风味的来袭。这个名词继承自帝国世涛（Imperial Stout），前文中，我们曾介绍过这款风格的来源。

美国精酿酒厂是啤酒领域复兴的国度、工艺的殿堂，甚至可以说是文化的霸权。这反映出这个国家崇尚过度的文化气质，它们硬生生地把这“帝国”的“帝”，变成了“美帝”的“帝”。

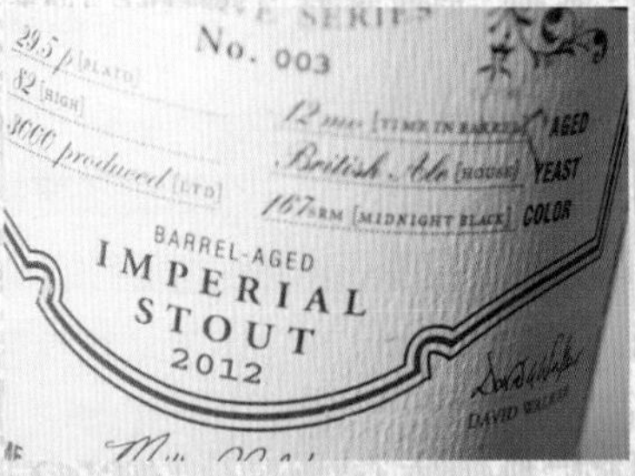

他们开始先拿帝国世涛本身开刀，有人将酒放入波本威士忌、龙舌兰、白兰地、雪利酒等各种木桶，一个一个的过，为酒增添不同的木桶风味；也有人再加入一些野生酵母让酒变酸；还有人向里面加入香料、咖啡；甚至有人拿新酒混合老酒然后装瓶售卖。

随着美国精酿啤酒的进一步进化，帝国世涛已经不能再承载他们胡来了。于是，他们开始帝国其他风格。越来越多的烈性酒款出现，它们无法都按照传统风格命名。所以那些酿酒师们就把他们的烈性啤酒冠以“帝国”之名。

帝国级的酒款首先出现在印度淡色爱尔这个领域中。酿酒师们把酒精度徘徊在6%左右的酒进行改造，提高其浓度并在酿造阶段加入更大量的啤酒花酝酿出重量级的风味。不出所料，这种风格的啤酒走红了世界。

从此，帝国大军大举入侵啤酒界，淡色爱尔、小麦啤、棕色爱尔、皮尔森、琥珀或是红色爱尔……几乎每个风格都在它的势力范围。

对于很多酿酒师而言，酿造“帝国”的酒款是种冒险的行为，更是挑战酒客们的味蕾和对啤酒的世界观。而他们这样做的目的，除了想保持啤酒的辨识度，也希望透过重量级的风味，展现麦芽、啤酒花和酵母的特性。

这种极端主义的酿造，有些人为此欢欣鼓舞，有些人感到困惑。有些酒变得异常好喝和有趣，但另一些则太呛、太苦或太甜。

总体来说，帝国啤酒还是非常有趣的，它能刺激到我们味蕾和想象，并为啤酒国度带来丰富的变化。

创始人早餐世涛
Founders Breakfast Stout

基础资料

品　　名：创始人早餐世涛
　　　　（Founders Breakfast Stout）
产　　地：美国
风格种类：帝国世涛（Imperial Stout）
酒 精 度：8.3%

imbeer评价

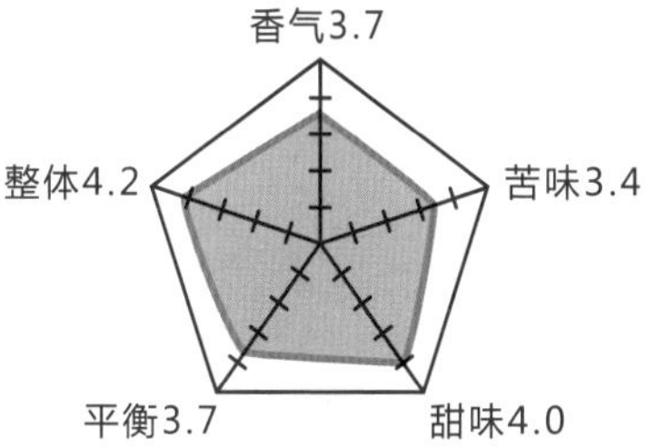

体 验

早餐世涛酒体很黑，泡沫呈现细腻的棕色。闻起来有明显的咖啡和巧克力的香气，就像是一杯比较甜的咖啡。

入口有非常明显的巧克力和咖啡的味道，与传统的世涛中烘烤的焦香味完全不同。但在酒的中后段，传统的味道又会涌上来，与焦香，咖啡，巧克力的味道相应成趣，互相配合，相辅相成，平衡性十分完美。

故 事

创始人酒厂成立于 1997 年，他们的世涛可以说代表着全美甚至全世界精酿世涛的最高水准，是每一个酒鬼都会追逐的对象。早餐世涛的灵感是酒厂的老板在自厂的酒吧里值班时与客人闲聊所得。其中一位客人无意中聊到了对咖啡豆的喜爱，并且拿出了自己的咖啡豆和大家分享。

酒厂老板对咖啡豆的味道不太习惯，就马上拿起了一杯啤酒漱了漱口，这时在他的口腔中产生了微妙的变化，咖啡的醇厚和麦芽的香甜搭配得十分默契。早餐世涛的念头就这么诞生了。

巨石傲慢的混蛋
Stone Arrogant Bastard Ale

基础资料

品　　名：巨石傲慢的混蛋（Stone Arrogant Bastard Ale）
产　　地：美国
风格种类：美式烈性爱尔（American Strong Ale）
酒 精 度：7.2%

imbeer 评价

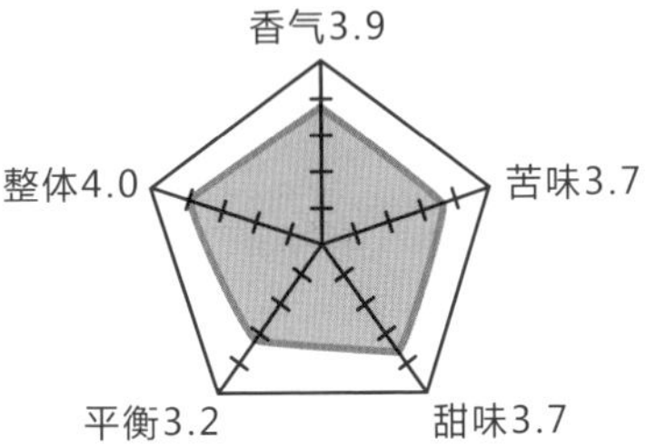

体 验

这是一款充满焦糖香甜和美式啤酒花香气的重口味啤酒。酒体呈红宝石色，泡沫细腻。

入口有着美式印度淡色爱尔般悠长苦味，但同时也带着一种很刺激的涩味。无论是气味、口感还是回味都带有柑橘香。平衡感在这款酒上显得那么不重要，又甜又苦的体验叫人欲罢不能。总体表现，就像它的名字那样，傲慢的混蛋，有人为之疯狂，有人恨之入骨。

故 事

1997 年问世的这款傲慢的混蛋，是巨石酒厂最早期也是最具代表性的啤酒，它是美式烈性爱尔啤酒风格的鼻祖。如果你硬要把美国精酿啤酒革命的开始定义在 20 世纪 90 年代那个英雄辈出的年代，那么它还算得上是领导者之一。

它就像是一本教科书，启发了无数对生活充满苛求的灵魂。你可以理解为它是对那个啤酒单一化时代的挑衅，也可以看作是对那个年代的挑战。就像它的口号一样：Hated By Many, Loved By Few, You're Not Worthy！

铁锚老雾角
Anchor Old Foghorn Ale

基础资料

品　　名：铁锚老雾角
　　　　（Anchor Old Foghorn Ale ）
产　　地：美国
风格种类：大麦酒（Barley wine ）
酒 精 度：8.8%

imbeer评价

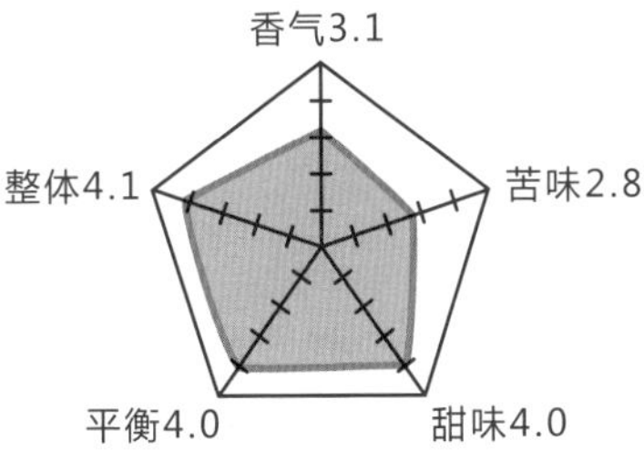

体 验

酒体呈现深红棕色，有些浑浊。气味十分丰富，焦香、太妃糖、李子等味道夹杂其中。

入口甜而不腻，口腔中充满了麦芽和太妃糖的甜味，以及一些酒精的味道。随后转向李子、番石榴、杧果干等成熟水果的口味，十分平衡。杀口感不强，它适合慢慢品鉴。

故 事

这款铁锚公司的老雾角啤酒初次酿制于 1975 年，也是全美现代意义上第一款大麦酒。

为了酿造这款酒，酒厂的酿酒师特意跑到英国取经。回国后，以这款酒为机缘，连续诞生了包含老雾角在内的三款啤酒。另外两款分别是前文提到的自由爱尔和一款酒精度很低的小啤酒（small beer）。

这款酒经过窖藏，口感十分平衡。因为出色的整体表现它在 2015 年 imbeer 年终评比中获得分组第一。

美奇乐柏林酸小麦
Mikkeller Drink'In Berliner

基础资料

品　　名：美奇乐柏林酸小麦
（Mikkeller Drink'In Berliner）
产　　地：丹麦
风格种类：柏林酸味小麦
（Berliner Weissbier）
酒 精 度：2.8%

imbeer 评价

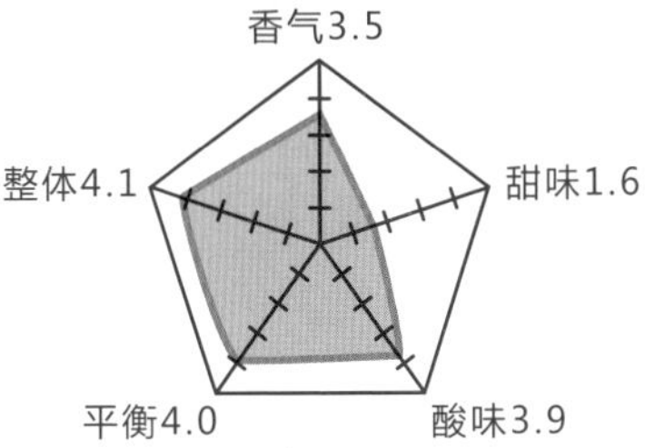

体 验

酒的颜色非常淡，比一般的小麦啤酒还要再淡一些。酒体有些浑浊，泡沫细腻丰富。

入口之后，嘴里充满了复杂的酸味，柠檬、酸橙、柚子、青苹果，等等等等。但当你回过神来，又会觉得这些酸味很清新，很柔和，迫不及待地想再喝一口。只有 2.8% 的酒精度也时刻告诉着你，你不会喝醉。

故 事

有着吉普赛魅影之称的美奇乐酒厂，酿造着种类繁多的精酿啤酒，各种模仿创新和原创的风格，让全世界的啤酒爱好者为之疯狂。他们具有颇高颜值的酒标让爱好者们和收集控们爱不释手的，不过想要收集起所有的酒标或是酒瓶的话，可是一个浩大的工程，因为到目前为止，它们已经生产了近千款产品。

这款柏林酸味小麦也是他们模仿德国传统口味进行酿制的一款啤酒，总体表现十分出色。不过根据他们的一贯表现，果不其然地进行了额外的创新：增加酒花投放的柏林酸味小麦。酒精度不变，口味里又增加了美式啤酒花柑橘的味道，也颇值得一试。

欧米尼珀罗尼布甲尼撒
Omnipollo Nebuchadnezzar Imperial IPA

基础资料

品　　名：欧米尼珀罗尼布甲尼撒（Omnipollo Nebuchadnezzar Imperial IPA）

产　　地：瑞典

风格种类：帝国印度淡色爱尔（Imperial IPA）

酒 精 度：.5%

imbeer评价

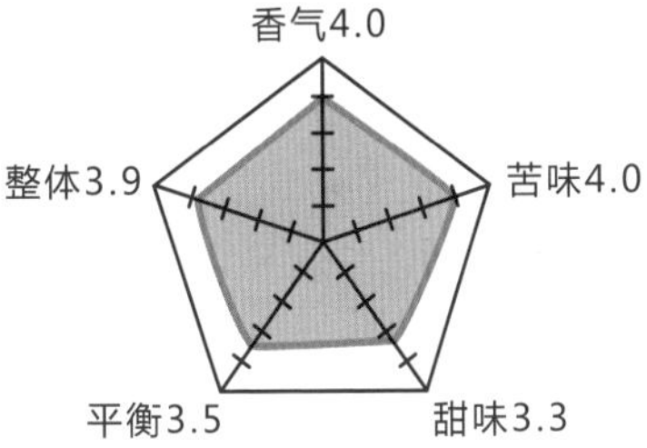

体 验

茶色的酒体，配合着持续上升的泡沫，散发着诱人的香气，强烈的热带水果的味道让人不禁流下口水。

入口的适中杀口感让水果的味道慢慢地散去，之后便是重装来袭的苦涩。帝国的风格在这里让啤酒花和麦芽的味道都提升了一个档次。

故 事

Nebuchadnezzar，即建造古巴比伦空中花园的尼布甲尼撒二世。

有人说欧米尼珀罗是最会酿印度淡色爱尔风格的公司，有人说他们是最会设计酒标的公司。

欧米尼珀罗酒厂人如此描述他们的想法：“一款啤酒的外观设计是件极为重要的事情 ，我们大胆且自由地设计配方，必须要搭配这些非流行的设计，才能保证成品一定会吸引到人们的眼球。”

神话酒花僵尸
Epic Hop Zombie

基础资料

品　　名：神话酒花僵尸
（Epic Hop Zombie）
产　　地：新西兰
风格种类：帝国印度淡色爱尔
（Imperial IPA）
酒 精 度：8.5%

imbeer评价

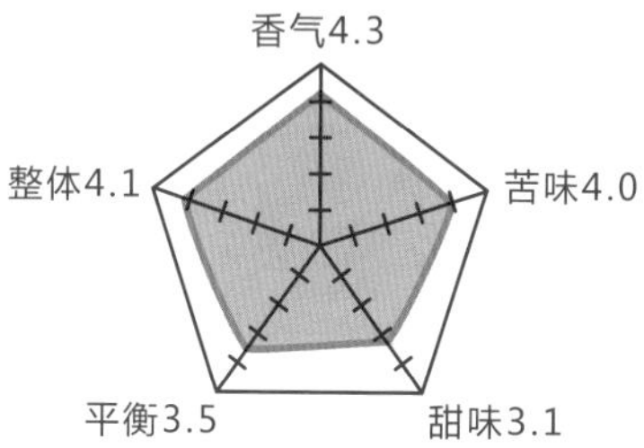

体 验

如果你能遇到这款神话酒花僵尸啤酒，千万别留着，越快喝掉越能体会啤酒花给你带来的愉悦！

充满杧果、覆盆子、番石榴等热带水果香气，口腔内颇为平衡的甜蜜和苦涩，唇齿间留下的香甜回味，全都是大量新世界啤酒花的功劳。

不要总问新世界啤酒花到底是什么味道，就是这瓶酒的味道！

故 事

这是一款深受美式风格影响的帝国印度淡色爱尔，使用了一种基础啤酒花、两种美式啤酒花和两种新西兰啤酒花。

除了啤酒花种类丰富，神话酒厂还加大了投放计量。

如果我们把一瓶常规的淡色啤酒所包含的啤酒花计量定义为1，则酒花僵尸里所含的计量数值将超过50，几乎超越了全部同类产品，是名副其实的“啤酒花炸弹”。

图乐突袭
To Øl Raid Beer

基础资料

姓　　名：图乐突袭
　　　　（To Øl Raid Beer）
产　　地：丹麦
风格种类：皮尔森（Pilsener ）
酒 精 度：5.2%

*imbeer*评价

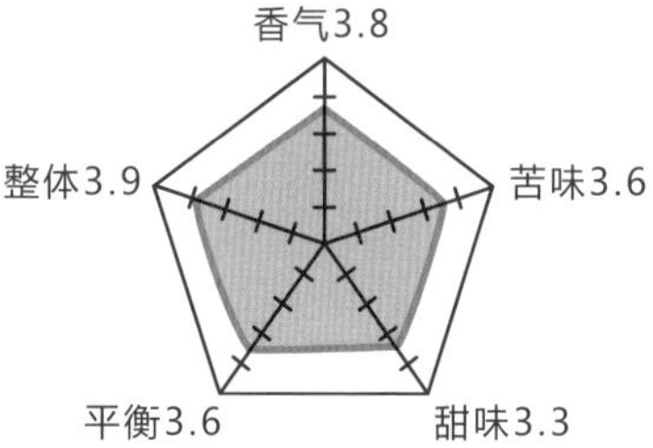

体 验

新世界的啤酒很难用传统的想法理解。你很难想象在打开瓶盖时会有一款皮尔森充满了松脂、橙子的香气。橙色的酒体和浓密的泡沫十分勾人魂魄。

入口之后，美式啤酒花和传统皮尔森啤酒的结合相得益彰。干净却又不失饱满，轻快又不失平衡，就如同“突袭”这个名字一样，巡弋在自由的海洋上。至少在此刻，你会忽略传统皮尔森的美。

故 事

酒厂成立于 2010 年，名字来源于两位创始人的名字前两个字母都是“To”，而“To Øl”在丹麦语中是“两瓶啤酒”的意思，简单好记。

图乐是新世界精酿啤酒的代表，也是吉普赛酒厂的代表，他们酿酒的老师也是他们生活中的物理老师，就是前文美奇乐酒厂的创始人。所以他们也会做很多奇奇怪怪的啤酒，和他们的老师一样。图乐经常被美奇乐的粉丝亲切地称为“他学生”。

来自中国的啤酒

自从美国人的啤酒走上强国之路开始，精酿啤酒便成为啤酒控嘴里的最常出现的单词之一。在亚洲，日本很快学到了精酿啤酒的文化精髓，并在亚洲地区确立了最初步的影响力。在中国，这一风潮也已经席卷全国了。除了我们熟知的各类搭配德国餐食的自酿啤酒以外，类似美国人的精酿啤酒厂其实也早已出现在我们身边。

2008 年，高岩创立的国内最早的一家精酿啤酒工坊，起名欧菲啤酒的他，当时也不会想到自己投下了本土精酿啤酒文化酵母正在暗暗发酵。

在之后的几年中，精酿啤酒开始在全国各地发芽生根。精酿啤酒开始出现在各大超市货架上和各种酒吧和餐吧的餐桌上，更多的知名的精酿啤酒品牌也进入中国市场，大量专业精酿啤酒酒吧也如雨后春笋般在北京、上海、南京等地开了起来。

仅仅用了短短的几年时间，中国的精酿啤酒革命就已经让我们的啤酒走到了世界的前面。这个革命并不是源自于大型酒厂的革新改造，也不是源自于体制的破旧立新，而是源自于最最纯粹的草根方式——家庭自酿啤酒。

各地开始成立了家庭自酿酿协会，这部分人的启蒙老师大部分都是《喝自己酿的啤酒》这本书，而这本书的作者正是高岩。

当家庭作坊已经无法满足我们的时候，一批批有志之士站了出来，成立了中国人自己的精酿啤酒坊。这时高岩的欧菲啤酒在 2013 年走进更多人的视线。“高大师”这个圈内人对高岩最常见的称呼，成为他的新名字。

同一时期的上海与北京作为国际化大都市的代表也自然不会落后。

上海的莱宝从 2011 年“Craft Beer”不知道怎么翻译；到 2014 年，进入了商超物流，销售到全国各地；再到 2015 年开始 OEM 之路并开设线下实体店。从每个月 2 吨，到每个月 160 余吨。依靠出色的外观包装和更适合国人的口味，它走出了自己不同的道路。

北京的熊猫啤酒在 2015 年底，获得共计超过人民币 2000 万元的投资，成为第一个受到资本青睐的小酒厂。他们现在可以更大地去追求自己心中的极客啤酒。

中国市场的啤酒也在逐步的多样化，北京的悠航、京 A、大跃、牛啤堂，上海的拳击猫、The Brew、成都的丰收、湖北的 18 号酒馆，等等，都在为大家带来更优秀的啤酒。无论如何，精酿啤酒的革命已经在中国的大片土地上生根发芽。

啤酒的分类

迈克·杰克森在他 1977 年的著作《啤酒全书》中向大多数读者清楚地介绍了他们过去从未见识过的那些默默无闻的区域性啤酒。

这种用区域和特征描述啤酒分类的方式至今仍然被广泛利用。历届美国啤酒节（The Great American Beer Festival）都吸引 85 类以上的啤酒接受评定。

这种分类方法并不是尽善尽美的，有时候会令人困惑，原因来自于不同国家看待啤酒的方式不同。比方说，法国把颜色当作决定性因素；意大利则在自己的分类系统中，另外强调酒精浓度和文化因素；美国在几乎所有的啤酒种类前，又加上了“双倍（Double）”“三倍（Triple）”“帝国（Imperial）”等用语，来表示重口味（或者添加大量啤酒花）的版本，甚至把一些啤酒标成“帝国淡味啤酒”（Imperial Mild），这简直是在打脸了。

所以大家需要了解的并不再是准确的啤酒分类，而是类似红酒一样，有着新世界风格和旧世界风格之分，只是这样的区分并不是什么官方或权威机构给出的准确界定，而是我们对于现代精酿啤酒革命所给予的认可。

毕竟相比于简单粗暴地用颜色或是酒精度来区分，迈克·杰克森的方法最适合现在全球啤酒多样性的浪潮。我们在这一章中沿用了这一分类方法，虽然随着时间的推移，一定会有更加细分的新风格出现，但是目前来说这种分类方式已经足够让你对啤酒世界的架构有一个明确的认识。

RELOVE
BEER

第三话
重新爱上啤酒

啤酒可以很刺激

也许你印象中的啤酒酒精度都很低，超过10%的都不常见。更多的人也不关心啤酒的酒精度，毕竟啤酒在更多的时候都在扮演消遣品的角色。我们想告诉你的是，啤酒的酒精度可以比我们日常喝的白酒、威士忌还要高得多。

2009年到2010年间，在几个极限酒厂之间展开了一场关于酒精度极限的较量。最终，在2013年啤酒酒精度的极限被定格在67.5%这个数字。

首先挑起这场战争的是德国的酒厂少仕博，他们在2009年的时候酿造了一款酒精度达到40%的啤酒。他们利用啤酒中酒精与水冰点不同的原理，通过冰冻的方法将酒液中的水分逐渐剥离，提升酒精度。

2010年，啤酒营销界的奇才——苏格兰酿酒狗酒厂酿造了一款酒精度为41%的啤酒，仅仅比少仕博高1%，起名为“击沉俾斯麦”。俾斯麦号是第二次世界大战中德国海军最强大的战列舰之一，以德国“铁血宰相”俾斯麦的名字命名。因此，这完全是针对上面这款德国酒推出的针锋相对的作品。

少仕博随后推出了酒精度43%的啤酒用来还击。其间，荷兰的一家酒厂也进来搅局，推出了一款酒精度为45%的啤酒。

酿酒狗自然不会落后。他们推出了一款名为“终结历史”的啤酒，酒精度达到55%。而从名字也可以看出，酿酒狗玩腻了。

这款“终结历史”极具争议。全球限量12瓶，每瓶售价500英镑。每款酒的外包装都是动物标本，其中有灰松鼠4瓶、浣熊7瓶、野兔1瓶。虽然酿酒狗表示这些标本都是经过非猎杀渠道得来的，不过还是受到了太多人的抗议。

随后，德国人也表示出了自己的诚意，推出了一款酒精度为57.7%的啤酒，名字叫“封顶之作”，意味着这将会是他们酿制的最后一款超烈啤酒。在最后，他们还是用2.7%踩了酿酒狗一脚。

刚刚乱入的荷兰人觉得被两家酒厂轻松地超越了10%，最后还被各种无视很没有面子，于是推出了一款酒精度为60%的啤酒，起名为“开创未来”。不仅回应了上面被“终结的历史”，还以每瓶35欧元的价格回应酿酒狗的高价策略。

大家都以为酿酒狗不会就此罢休的时候，他们却没有做出回应。

2012年，当人们都已经忘了这场战争的时候，苏格兰的酿造大师酒厂推出了一款酒精度达到了65%的啤酒。为此，他们还去申请了吉尼斯世界纪录。在有的人觉得啤酒大战又要重新打响的时候，之前的三家酒厂没有做出任何的回应。一年后，没人理睬的酿造大师酒厂再次把自己的记录提高2.5%，达到67.5%，颇有些哗众取宠的味道。

第一批“蛇毒”啤酒，容量为275毫升，酒体颜色很深。第二批容量变成了330毫升，酒体颜色也变浅了很多。据悉，第二批啤酒中加入了食用酒精，以便提高酒精度，降低成本。虽然看起来第二批酒比较没良心，但如果在酒桌上，这将是个不错的谈资。

啤酒可以很珍贵

是的，啤酒可以很珍贵，甚至有很多可以成为收藏品。这里指的可不是收藏爱好者热衷收集啤酒那么简单，搜集每一款不同年份的限量版啤酒已经成了啤酒疯子的一项事业。也许你无法理解为什么啤酒也要分年份，但是这不重要，因为啤酒疯子们会去寻找每一批次的差别所在。

美国精酿啤酒革命领导品牌塞缪尔·亚当斯决定酿造一款纪念酒。于是酿造了一款使用了4种啤酒花和4种麦芽，又经过苏格兰威士忌木桶、白兰地木桶和原木桶陈酿多年的大麦酒。它的酒精度达到了当时最为惊人的27%，只生产了8000瓶，起名为“乌托邦”。

塞缪尔·亚当斯的“乌托邦”啤酒一经面世就在精酿啤酒圈子中引起了轩然大波。不夸张地说，这款酒带领了未来10年精酿啤酒的发展走势。后来，酒厂几乎每两三年都会生产一款特别版本的“乌托邦”。2012年，“乌托邦”这个系列的十周年纪念版本，29%的酒精度也是全部产品中的最高极限，酒体自然地在各种木桶中经历了 19 年的漫长岁月。

2012版本的“乌托邦”有极高的收藏价值。原价约1300元人民币，2013年涨到1700元人民币，现在大概需要5000元人民币才能买到。

比起“乌托邦”这种设计好的收藏品，有一些酒成为藏品则完全是意外。全世界只有2237瓶的“旭日东京高地（Rising Sun Tokyo Highland Cask Aged）”，是酿酒狗酒厂在2008年遗忘在仓库里的一款重口味啤酒。这款宣称经过了四年威士忌木桶陈酿的啤酒，是他们在酿造酒精度达19.2%的酿酒狗“东京”啤酒时一同封装的。当时他们把两桶“东京”啤酒灌入苏格兰高地威士忌的木桶和一桶灌入了低地威士忌木桶的啤酒集中储藏在了仓库深处。48个月之后，它们终于变成了高地和低地两个版本的旭日东京啤酒。

用他们自己的话说，这是被他们无意间遗忘在那里的，而不是刻意为之。所以有且仅可能有现在这么多数量，以后也不会再有，这两千多瓶就变成了千古绝唱。另外，酿酒狗选择把数量最少的低地版本出售给他们的忠实会员，只匀出少量高地版本放进了市场。于是，旭日东京在销售的时候就成为收藏爱好者追捧的对象，所有人都以能够拥有这样一瓶啤酒而感到自豪。

啤酒可以很疯狂

2013年，疯狂的酿酒狗推出了限量版产品——“印度淡色爱尔之死”。酿造四瓶除了啤酒花之外其他数值完全一样的啤酒，每瓶酒只使用一种啤酒花。让发烧友们从侧面对不同品牌啤酒花的味道有了感性的认识。你甚至还可以尝试将不同款的单一酒花啤酒混合一下，创造你自己版本的个性啤酒。之后，他们又沿用这个这个概念推出了啤酒花和麦芽相同，使用不同酵母的“酵母释放”系列。

除了啤酒花和酵母的疯狂改造，还有一些酒厂动起了麦芽的主意。曾经有些酿酒师大胆地使用威士忌泥煤烘烤麦芽去酿啤酒，不过泥煤麦芽的使用量一般都不会超过5%。而新西兰的酵母男孩酒厂却偏偏用100%的泥煤麦芽去酿造。2012年他们通过了一款霸王龙啤酒创造了目前啤酒世界中唯一一款使用100%泥煤麦芽酿造的啤酒，也就是说这是一款完全体现了泥煤麦芽“消毒水”味道的啤酒，甚至比苏格兰的单一麦芽还要重口味。

还有一些酒厂直接向酒里增加其他的原料。比如图乐酒厂的黑麦与体盐啤酒。它是一款黑色印度淡色爱尔，这种神经质的风格介于世涛与印度淡色爱尔之间。图乐以体盐、咖啡豆以及各种风味啤酒花所制成这款轻微的“精神分裂症”啤酒，无与伦比，创意无限。

除了原料，风格上的创新也可以很疯狂。邪恶双胞胎酒厂的“阴阳”啤酒借鉴了中国太极文化。两瓶摆在一起时也比较符合酒厂名字“邪恶双胞胎”。阴、阳啤酒的酒精度同为10%，风格分别为帝国世涛和帝国印度淡色爱尔，一深一浅、一甜一苦。

这两款啤酒不但可以分别饮用，而且可以将不同比例的酒进行混合，达到新的、意想不到的味道。后来，他们还生产过直接将两款酒混合在一起灌装的限定版本。

除了实体感念，抽象的时间也会被啤酒公司拿来作为创意使用。巨石酒厂就推出了两个跟时间有关的系列，“及时行乐（Enjoy By）”和“稍安勿躁（Enjoy After）”。

虽然是一种噱头，但这也是为了提醒大家，喝啤酒实际上是有很有时效性的事情。在我们一般的理解中，不同风格的啤酒有些是越新鲜越好喝，比如美式印度淡色爱尔；有些则是放一放才好喝，比如帝国世涛，然后的Enjoy By和 Enjoy After则告诉我们，同一种风格的啤酒也是有不同时间标准的，同样是印度淡色爱尔，有些需要在三个月之内喝完，有些则要沉淀一年再去品尝。

啤酒是一种疯狂的饮料，你身边的所有东西，都可以被用到啤酒里，不论它是物质，还是概念。

INDEPENDENT
TRÖEGS
CRAFT BREWERY
CHICAGO

STOUT

我们在撰写本书时，参考了以下书籍和网站内容:

Michael James Jackson **“The World Guide to Beer”**

Tom Colicchio、 Garrett Oliver **“The Oxford Companion to Beer”**

Randy Mosher **“Tasting Beer”**

Mark Dredge **“Craft Beer World”**

Tim Webb 、Stephen Beaumont **“World Atlas of Bee”**

Cathleen Odar Stoug 、Meredith L. Dreyer Gillette 、Michael C. Roberts、Terrence D. Jorgensen、Susana R. Patton **“Mealtime behaviors associated with consumption of unfamiliar foods by young children with autism spectrum disorder”**

管敦仪 **《啤酒工业手册》**

康明官 **《特种啤酒酿造技术》**

高岩 **《喝自己酿的啤酒》**

金鑫 **《世界啤酒族谱》**

银海 **《牛啤经》**

https://www.imbeer.com

https://www.beeradvocate.com

https://www.ratebeer.com

https://www.brewersassociation.org

https://en.wikipedia.org

https://www.yahoo.co.jp

https://www.google.com/

http://cn.freeimages.com/